fahrräder

DIE GUTEN

fahrräder

David Perry

DINGE

PRESTEL

MÜNCHEN · LONDON · NEW YORK

Inhalt

Faszination Fahrrad

Radfahren kann so vieles sein – Hobby, Lifestyle oder sogar Lebenszweck: Manche Menschen machen ihre Passion zum Beruf. Radfahrer haben sowieso mehr vom Leben. Welche andere Aktivität vermittelt so schnell ein vergleichbares Erfolgsgefühl? Ein Tritt in die Pedale und es geht vorwärts!

Nur ein mit Muskelkraft betriebenes Fahrzeug schenkt dieses Gefühl von Freiheit, Unabhängigkeit und Autarkie. Einerseits ist das Zweirad ein preiswertes, umweltschonende Fortbewegungsmittel im Alltag, andererseits erschließt es die Schönheit der Landschaft im näheren und weiteren Umkreis.

Radfahren ähnelt dem Fliegen. Beim Dahingleiten im warmen Sommerwind, bei Schussfahrten auf Asphalt oder beim Dirtjump schwingt das Gefühl, bald abzuheben, immer mit. Jede Radfahrergeneration scheint aufs Neue die Gesetze der Schwerkraft ausloten zu wollen, stets auf der Suche nach dem ultimativen Adrenalinkick. Das fängt bereits im Kindesalter mit dem Freihandfahren an.

Radfahren ist gesund. Selbst gemächliches Radeln steigert das Wohlbefinden. Das Fahrrad bewährt sich als Reha-Trainingsgerät oder beim Stressabbau auf der Fahrt von der Arbeit nach Hause. Radsportler können wahre Konditionswunder sein, deren Fitness in Herzfrequenz und in Watt gemessen wird.

Ein Fahrrad ist das perfekte Transportmittel für den Alltag. Wer wen dabei mehr bewegt, ist eine gute Frage. Ein alter, klappriger Drahtesel kann den gleichen Glücksrausch auslösen wie ein nagelneues High-End-Modell. Stolze Besitzer geben ihren Rädern Kosenamen und verschönern sie mit Aufklebern, buntem Lenkerband, einer frischen Lackierung oder setzen gleich auf einen individuellen Aufbau – alles Ausdruck einer intensiven Zweierbeziehung.

Wahre Fahrradliebhaber reservieren eine Garage oder ein Zimmer nur für ihre Kostbarkeiten. Hier türmen sich Materialhalden aus Rahmen, Einzelteilen, Laufrädern, Mänteln, Schläuchen und Werkzeugen neben einsatzbereiten und halb aufgebauten Fahrrädern. Häufig befinden diese sich in guter Gesellschaft: freie Rollen, Heimtrainer, Spinning-Bikes mit Online-Trainingssteuerung und Regale zur Aufbewahrung von Fahrradkleidung, Schuhen und Helmen sowie jede

Menge Trinkflaschen und Packungen mit Nahrungs-
ergänzungsmitteln. Das geht so weit, dass manch
eifersüchtiger Ehepartner eine Obergrenze für die
Anzahl geduldeter Fahrräder festlegt. Da hilft nur,
bei jeder Neuanschaffung ein anderes Rad abzusto-
ßen oder neue Fahrgeräte trickreich vor dem Partner
zu verheimlichen.

Bastler und Technikverliebte toben sich am Fahrrad
so richtig aus; das führt zu neuen Designs und
Produkten, eigenwilligen Trends und überraschenden
technischen Lösungen. Ein exklusiver Nischentrend
kann zu einem Hype anschwellen, wie es beispielsweise Anfang der 1980er-Jahre mit den Mountainbikes oder nach 2000 mit den Fixies der Fall war.
Der aktuelle Trend sind Fatbikes mit Bordelektronik
und hydraulischen Scheibenbremsen, mit denen man
sowohl auf Asphalt als auch im Gelände fahren kann.
Wer weiß, was als Nächstes kommt?

1

WAS MAN WISSEN MUSS

Die Summe vieler Teile

Welche Erfindungen der Neuzeit können für sich beanspruchen, genialer als das Fahrrad zu sein? Der Fahrer wird eins mit seinem Transportmittel, das zugleich Freizeit- und Sportgerät ist, genießt das Freiheitsgefühl und die zurückgelegte Strecke – Glückshormone sind inklusive!

Wie bei den meisten Dingen gibt es beim Fahrrad verschiedene Formen, Größen, Eigenschaften und Hierarchien. Jedes einzelne Stück wird für einen bestimmten Zweck gebaut. Der Radsport kennt viele verschiedene Disziplinen und er kann überall auf der Welt praktiziert werden. Ein Großteil der technischen Errungenschaften, die wir an modernen, im Fachhandel erhältlichen Fahrrädern finden, ist dem Profiradsport und seinem internationalen Dachverband zu verdanken.

Ein Fahrrad ist die Summe seiner Teile. Daher sollte man auf hochwertige Materialien und gute Verarbeitung achten. Aus Dutzenden Komponenten und zahllosen Einzelteilen entsteht ein komplexes Ganzes. Das Rahmenset bildet die Grundlage für die daran montierten Komponenten und Zubehörteile. Zu diesen zählen Lenker, Sattel und Pedale (die drei Kontaktzonen zum Körper) sowie Laufräder, Antrieb, Bremsen, Schalt- und Bremshebel, Schutzbleche, Seitenstütze, Gepäckträger, Lampen, Trinkflasche, Flaschenhalter und Werkzeugtaschen.

▶ Ein Durchbruch in der Fahrradtechnik: Harry Lawsons »Bicyclette« von 1879, ein früher Vorfahr modernen Bike-Designs

Die Bauteile eines Fahrrads

Sattel

Sattelstütze

hintere Bremse

Sitzstrebe

Laufrad

Sattelrohr

Reifen

Schaltwerk

Kettenstrebe

Kette

Umwerfer

Kettenblatt

Vorbau

Lenker

Schalthebel

Steuerrohr

Oberrohr

Bremshebel

Unterrohr

vordere Bremse

Gabel

Pedal

Speichen

Nabe

15

Material

Achsen, Kugellager, Schrauben und Muttern bestehen aus *gehärtetem Stahl*, Rahmenrohre und Muffen häufig aus *Stahllegierungen* wie hochfestem Stahl, Chrom-Molybdän- oder Edelstahl. Für Leichtbaurahmen, -gabeln und -komponenten wird meist *Aluminium* eingesetzt. Hochwertige Teile sind kalt- oder heißgeschweißt, während Serienware meist im Stand- oder Druckgussverfahren entsteht. Spezielle Komponenten werden mit computergesteuerten Präzisionswerkzeugmaschinen gefertigt. Umwerfer, Vorbau und Achsen sind aus *Titan*, einem korrosionsbeständigen Nichteisenmetall von hoher Festigkeit und geringem Gewicht. Rahmen bestehen aus gewalzten, im WIG-Verfahren zusammengeschweißten Rohren aus *Titan-Aluminium-Vanadium-Legierungen*. Sie sind unverwüstlich und nützlich für alle, die vorwiegend harte Gänge treten und daher ihr Fahrrad größerem Verschleiß aussetzen. *Carbon* ist ein faserverstärkter Kunststoff, bei dem in eine Kunstharzmatrix eingebettete Kohlenstoff- und Borfasern zu einem Faserverbund gepresst und dann gehärtet werden und in jede beliebige Form gegossen werden können. Faserdichte und Anordnung lassen sich in der Fertigung präzise im Voraus planen.

▼ Schnellspannachse

Rahmen

Die Wahl des Rahmenmaterials hängt zum einen
vom Geldbeutel, zum anderen von den gewünschten
Eigenschaften – Leichtbauweise, Festigkeit, Steifig-
keit oder Fahrkomfort – ab. Die hochwertigsten
Fahrräder werden aus Stahllegierungen, carbonfaser-
verstärkten Werkstoffen, zum Teil sogar aus Holz
(Bambus) gefertigt. Angestrebt wird das richtige
Verhältnis zwischen Seitensteifigkeit und vertikaler
Elastizität. Rahmenflattern ist unerwünscht, aber
Stöße auf unebenem Grund sollen abgefedert
werden. Häufig entscheidet man sich für einen
Materialmix, etwa einen Stahlrahmen mit Carbon-
gabel, einen Alurahmen mit Carbongabel und
-streben, einen Carbonrahmen mit Titanmuffen
oder einen Bambus-Aluminiumrahmen mit
Carbonmuffen und -gabel.

▼ Ein *Allez*-
Rahmen für
Rennräder von
Specialized
aus dem Jahr
2011

Das am häufigsten verwen-
dete Rahmenmaterial ist
Stahl, dessen Legierungs-
und Bearbeitungsstandards
stetig verbessert wurden. Stahl
ist leichter zu reparieren als
andere Materialien und wird
je nach Fahrradtyp zu
unterschiedlich geform-
ten Rohren gewalzt.
Klassische Stahlrah-
menhersteller sind
Reynolds und
Columbus. Die heute

weit verbreiteten verschweißten Rahmenrohre wurden von Tange und True Temper entwickelt. Aluminiumrahmen werden üblicherweise im WIG-Verfahren hergestellt und hitzebehandelt, die Schweißnähte werden häufig nachträglich geglättet. Früher wurden Carbonrahmen aus einzelnen Rundrohren gefertigt, die durch Aluminium- oder Stahlmuffen miteinander verbunden wurden. Heutige Monocoque-Rahmen werden als Ganzes gegossen, für jede Rahmengröße ist eine eigene Gießform erforderlich. Ausschlaggebend für die Rahmengröße sind die Standhöhe (die Distanz zwischen Boden und Oberrohr), die Länge des Sattelrohrs, das die Sattelstütze aufnimmt, sowie die Länge des zwischen Sattelrohr und Steuerrohr verlaufenden Oberrohrs. Diese Abmessungen bestimmen den Abstand vom Sattel zum Lenker und von den Pedalen zum Sattel.

Sitzpositionen

Die richtige Sitzposition ist abhängig von den Körperproportionen des Fahrers, der Beweglichkeit, dem Tretstil, der Kleidung sowie der Schuhhöhe. Es scheint Fahrräder für jede erdenkliche Körperhaltung zu geben: von stehend bis auf dem Bauch liegend. Abgesehen von diesen Extremen unterscheidet man zwischen vier klassischen Sitzpositionen: aufrecht (Hollandrad), leicht vorgebeugt (Trekkingrad), weit vorgebeugt (Rennrad) und liegend (Liegerad).

Die aufrechte Sitzhaltung ist bequem. Auf- und Absteigen gehen problemlos. Die leicht vorgebeugte Position ermöglicht einen sportlicheren Fahrstil und mehr Zug am Lenker. Die meiste Kraft bringt man in den verschiedenen Rennradhaltungen – Wiegetritt (Anstieg), aufrecht sitzend (Kopfstein-pflaster) und tief geduckt (Abfahrt) – auf die Pedale.

Auch die in den letzten Jahren ver-mehrt angebotenen Liegefahrräder weisen unterschiedliche Positionen auf. Man kann mit aufrechtem Oberkörper halb sitzend in die Pedale treten oder zur Verbesserung der Aerodynamik komplett im Liegen fahren. Eine Sonderform sind die enorm schnellen, aerodynamisch verkleideten Bauchlie-ger mit Tretlager am Heck, auf denen man mit dem Rücken nach oben liegt.

Lenker

Der Fahrradlenker, bestehend aus Lenkerbügel und Vorbau, ist über den Steuersatz mit der Gabel verbunden. Die meisten Lenker bestehen aus Chromstahl, Aluminiumlegierungen oder Carbon, in seltenen Fällen auch aus laminiertem Holz. Es gibt zahllose verschiedene Formen und Designs. Bestimmend für die Wahl des Lenkers sind nicht nur Fahrstil und bevorzugte Griffposition, sondern auch die Schulterbreite des Fahrers und der geplante Einsatzzweck.

Bei den nach vorn und unten gebogenen Rennlenkern ist die bequemste Griffposition auf dem Oberlenker neben dem Vorbau. Rennlenker haben je nach Form unterschiedliche Griffpositionen. Klassische Rennlenker sind tief nach unten gezogen, während die Randonneur-Form von der Mitte her nach außen hin leicht ansteigt. Weniger stark abfallende ergonomische Lenker sind bequemer. Bahnradlenker schwingen stark nach unten. Aerolenker besitzen Auflagen für die Unterarme für die typische Zeitfahrer-Griffposition.

Eine aufrechtere Sitzposition gewährleisten der charakteristisch geschwungene Moustache-Lenker, der stark nach hinten abgewinkelte Porteur-Lenker und der nach hinten gezogene, zu den Enden hin leicht ansteigende Tourenbügel.

Mountainbikes sind meist mit zu den Enden hin hochgezogenen Riser Bars von jeweils unterschiedlicher Breite und unterschiedlichem Durchmesser ausgestattet. BMX-Räder haben höher gezogene Riser Bars, oft mit Querstrebe ähnlich den stabilen Downhill-Lenkern. Lenker unterscheiden sich am deutlichsten in ihrer Biegung. Manche sind stark abgewinkelt, andere weich geschwungen. Ein besonderer Clou sind Lenkhebel, die sich wie Joysticks bewegen lassen, wie sie an Mike Burrows' kultigem Liegedreirad *Windcheetah* (Seite 39) verbaut sind.

Sattel

Der vielleicht wichtigste Kontaktpunkt zwischen Fahrer und Rad ist von zentraler Bedeutung für die sitzende Fortbewegung. Es gibt verschiedene, der Anatomie des Gesäßes, das heißt den Sitzknochen und dem Becken, angepasste Sattelformen. Auch bei der Härte beziehungsweise der Dämpfung hat man die Wahl zwischen verschiedenen schaum- oder gelgepolsterten, elastomergedämpften oder klassisch gefederten Varianten. Die Sattelform sollte man je nach Fahrstil und Oberkörperneigung wählen.

Ledersättel funktionieren wie Hängematten. Ein Stück Leder wird von der Sattelnase zum hinteren Ende gespannt und festgenietet. Ledersättel lassen sich durch Anziehen der Nasenschraube nachspannen. Für noch mehr

Sitzkomfort sind viele Ledersättel zusätzlich mit zwei oder drei Federn ausgestattet.

Anatomische Sättel weisen in der Mitte eine Mulde oder einen Ausschnitt auf, um den Druck im Dammbereich zu reduzieren. Damensättel sind in der Regel kurz und breit. Allerdings bevorzugen viele Frauen Männer- oder Unisexsättel. Die meisten Sättel sind in waagerechter Position am bequemsten. Eine Faustregel besagt jedoch, dass Männer die Sattelnase gern leicht nach oben ausrichten, Frauen dagegen eher nach unten.

Pedale

Fahrradpedale sollten hochwertig sein, da beim Aufsteigen, Absteigen oder Rollen oft das gesamte Körpergewicht auf ihnen lastet. Am besten sind Pedale mit Präzisionslagern und möglichst dünnem Pedalkörper. Pedale sind mit Gummiauflagen zum Barfußfahren, aber auch als Bärentatzen mit maximalem Halt erhältlich.

Die klassischen Rennradpedale hatten einen gezackten Käfig und wurden mit Lederriemen und Rennhaken gefahren, damit man beim Treten nicht abrutschte und zusätzlich die Zugkraft nutzen konnte. Rennhaken gibt es seit dem 19. Jahrhundert in verschiedenen Formen und zum Teil an die Tierwelt angelehnten Designs. Eine riemenlose, den Ein- und Ausstieg erleichternde Alternative sind Pedalhaken.

Klickpedale, auf denen der mit einer Metallplatte (Cleat) ausgestattete Fahrradschuh bei Druck einrastet, stehen bei sportlichen Radfahrern hoch im Kurs. Das System ist einfach, wirkungsvoll und relativ sicher. Klickpedale gibt es für zwei Standards: den Zweiloch-Standard für Freizeit- und Mountainbike-Schuhe und den Dreiloch-Standard im Rennradbereich. Einstellen lassen sich bei diesen Systemen die Auslösehärte und die für die Tretbewegung erforderliche Bewegungsfreiheit des Schuhs auf dem Pedal (der sogenannte Float).

▲ Als Triathlet spart man Zeit beim Wechsel, wenn die Fahrradschuhe bereits am Pedal befestigt sind.

Laufräder

Moderne Laufräder sind ein Wunderwerk der Technik. Sie können das Vierhundertfache ihres Eigengewichts tragen. Es gibt sie je nach Fahrradtyp in verschiedenen Größen und Varianten. Obwohl Laufräder heute größtenteils maschinell gefertigt werden und immer wieder neue Designs und Materialien auf den Markt kommen, geht nichts über ein von Hand gefertigtes Laufrad.

Zum Laufrad gehören Nabe, Speichen und Felge. Die Nabe setzt sich aus Achse, Lager und Nabengehäuse zusammen. Achsen gibt es in verschiedenen Längen und Durchmessern für Vorder- und Hinterrad. Die Lager sind entweder Konus-, Industrie- oder Patronenlager, vorzugsweise mit Stahlkugeln der Güteklasse G25 oder leichten Keramikkugeln. Das Nabengehäuse besitzt zwei Speichenflansche (Niedrig- oder Hochflansch) mit Bohrungen für 16 bis 72, üblicherweise jedoch 32 oder 36 Speichen.

▶ Maßgefertigte Laufräder warten auf Gestellen in der Fertigungshalle von Detroit Bikes in Detroit (USA) auf ihren Einbau.

Die Speichen verbinden die Nabe mit der Felge. Hochwertige Fahrräder verfügen meist über Edelstahlspeichen, gekröpft oder ungekröpft, Glattspeichen, Doppeldickendspeichen oder Messerspeichen. Bei modernen Leichtbaufahrrädern setzt man Speichen aus Titan, Carbon oder Aluminium ein. Die Speichennippel, bestehend aus einer Chrom-Kupfer- oder einer leichteren Aluminiumlegierung, werden bei hochwertigen Laufrädern mit Sicherungslack fixiert.

Nach Querschnitt eingeteilt, gibt es Hohlkammer-, V- und Tiefbettfelgen. Die Speichenbefestigung erfolgt mittels einfacher oder doppelter Ösen sowie Unterlegscheiben. Auch Gewicht, Material und Bremsflächen spielen eine Rolle. Scheibenräder für Renn-, Bahn- und Triathlonräder sind aus aerodynamischen Gründen vollverkleidet, im Bahnradsport sowohl vorn als auch hinten verbaut, bei Straßenrennen wegen der größeren Windangriffsfläche und der höheren Sturzgefahr dagegen nur hinten.

Reifen

Reifen sind wie Schuhe. Es gibt sie für jede Art von Untergrund, ob Asphalt, Kies, Wald- oder Felsboden. Man unterscheidet je nach Art der Befestigung an der Felge zwischen Draht- und Schlauchreifen, je nachdem, wie die Luft gehalten wird, zwischen Modellen mit Schlauch- und Tubeless-Reifen und je nach Profil zwischen Slick-, Profil- und Stollenreifen. Luftreifen federn Stöße ab und gewährleisten Fahrstabilität auch in Kurven. Das Profil sorgt für Traktion und Bremswirkung. Angesichts der geringen Auflagefläche ist es allerdings erstaunlich, dass Reifen derart maßgeblich für das Fahrverhalten sind.

▶ Der *Urban Tour Serenity*-Reifen von Hutchinson ist hundertprozentig pannensicher.

Am weitesten verbreitet sind Drahtreifen, da sie relativ leicht zu reparieren oder austauschbar sind. Sie bestehen aus einem Schlauch und dem Mantel, dessen verstärkte Kanten vom Felgenhorn gehalten werden. Zum Schutz des Schlauchs werden die Speichenbohrungen mit Felgenband abgedeckt.

Schlauchreifen findet man an Rennrädern und Retro-Fahrradmodellen. Es gibt handgefertigte Varianten in schmaler oder breiter Ausführung, als Slicks oder Stollenreifen. Beim Schlauchreifen wird der Mantel mit dem innenliegenden Schlauch zusammengenäht und mit Reifenkitt oder stark haftendem Klebeband auf die Felge geklebt. Schlauchreifen weisen unabhängig vom Reifendruck auf Asphalt, im Gelände und im Hallenradsport die besten Fahreigenschaften auf.

Tubeless-Reifen gibt es für Mountainbikes sowie für Querfeldein-(Cyclocross-) und Rennräder mit entsprechenden Felgen. Sie rasten dank eines speziellen Wulstes beim Aufpumpen hörbar auf der glatten Felge ein und benötigen ein spezielles Tubeless-Ventil. Völlig pannenfrei sind sie zwar nicht, kleinere Durchstiche können aber mit Dicht-milch verschlossen werden. Allerdings weisen Tubeless-Reifen ein geringeres Lufthaltevermögen auf.

Luftreifen besitzen gute Dämpfungseigenschaften, sind aber leider nicht pannenfrei. Einen Platten wünscht sich niemand, schon gar nicht bei einer anstrengenden Tour. Fahrradpumpe, Mantel-heber und Flickzeug oder Ersatzschlauch und gegebenenfalls Ersatzmantel sind in diesem Fall unerlässlich (Seite 126). Vollständig pannensicher ist der *Urban Tour Serenity*-Reifen mit Gummi-Einlage von Hutchinson: kein Ventil, kein Aufpumpen und ein Fahr-gefühl wie mit vier Bar Reifendruck.

Reifen- und Felgengrößen

Für Reifen und Felgen stehen nur bedingt einheitliche Größenangaben zur Verfügung. Großbritannien, Frankreich, die Niederlande, Deutschland, Skandinavien und Italien verwendeten lange Zeit ihre eigenen Maße, sodass nicht selten unterschiedlich große Reifen identisch gekennzeichnet waren. Erst in den 1960er-Jahren veröffentlichte die Europäische Reifen- und Felgen-Sachverständigen-Organisation (ETRTO) Standards, die Ende der 1970er-Jahre auch als gültige ISO-Norm verabschiedet wurden.

Der Durchmesser eines Reifens muss exakt mit dem der Felge übereinstimmen, in der Weite besteht dagegen ein etwas größerer Spielraum. In der Regel sind Reifen 1,5- bis 2-mal so breit wie die Felge. Die meisten Größenangaben beziehen sich auf Umfang und äußere Weite. Dabei handelt es sich jedoch nur um gerundete Werte in Zoll oder metrischen Einheiten. Bei französischen Reifen werden der Durchmesser in Millimeter und die Weite in Buchstaben angegeben (A entspricht 20 mm, D 50 mm). Eine Ausnahme bilden die Faltreifen der Größe 700C, die viel schmaler sind, als der Buchstabe C vermuten lässt. In Großbritannien bestanden Größen- und Breitenangaben aus einer Buchstaben-Zahlen-Kombination (z. B. E.3, EA1, F8 und K.2), während der US-Hersteller Schwinn ein S plus Zahl verwendete (z. B. S-6). Am genauesten ist die Millimeterangabe

des Durchmessers an der Felgenschulter, wo der Reifenwulst anliegt.

Standardmäßig wird die Größe einer
Felge mit Durchmesser und Weite
angegeben, wobei der Durchmesser
der an der Felgenschulter ist und die
Weite die Maulweite, also die lichte
Weite zwischen den Felgenhörnern.

Trotz der internationalen Standar-
disierung gibt es immer wieder
Größenprobleme, wenn alte Felgen
mit neuen Reifen kombiniert werden
und vielleicht nicht die richtige

Aufnahme für den Reifenwulst haben.
Schmale 700C-Reifen mit dicker
Wandstärke sind auf manche Felgen
schwer aufzuziehen, ohne den
Schlauch zu beschädigen. Manchmal
ist der Reifen auch zu breit für die
Felge, sodass der Mantel bei voll
aufgepumptem Reifen aus der Felge
springt. Letzteres kann durch
Aufkleben einer dickeren Felgen-
bandschicht verhindert werden.

Nachstehend eine Übersicht über
gängige Fahrradtypen und ihre
Reifengröße:

FAHRRADTYP	GRÖSSE IN ZOLL	ISO-/ETRTO GRÖSSE	UNGEFÄHRER RADUMFANG
Hollandrad	28 × 1 ½	40–635	2250
Vintage-Sportrad	27 × 1 ¼	32–630	2200
XL-Mountainbike	29 × 2.3	60–622	2340
Rennrad	28 × ⅞ (700 × 23C)	23–622	2125
Hollandrad klein	26 × 1 ⅜	37–590	2100
Großes Mountainbike	27.5 × 2.2	55–584	2195
Tourenrad	26 × 1 ½ (650B)	40–584	2105
Rennrad klein	26 × 1 (650c)	23–571	1973
Standard-Mountainbike	26 × 2.125	54–559	2100
Kinder-Hollandrad	24 × 1 ⅜	37–540	1948
Kinder-Mountainbike	24 × 1.75	47–507	1900
Faltrad	20 × 1 ⅜	37–451	1615
BMX	20 × 1.95	50–406	1600

Antrieb

Der Antrieb setzt das Hinterrad mithilfe der Tretkraft über Zahnräder und Kette in Bewegung. Er umfasst Tretlager einschließlich Innenlager, Tretkurbeln, Kettenblättern und Ritzeln. Bei den ersten Fahrrädern befand sich das Tretlager noch am Vorderrad. Um Geschwindigkeit und Aktionsradius zu erhöhen, wurde dieses im Lauf der Zeit immer größer (Hochrad). In den 1890er-Jahren kamen dann die ersten kettengetriebenen Sicherheitsniederräder mit Luftreifen auf den Markt. Bald folgten Rücktrittbremse, Freilauf und Nabenschaltung, später die ersten verlässlichen Kettenschaltungen.

▶ Blick auf das Schaltwerk eines Rennrads

Nabenschaltungen arbeiten mit Planetengetrieben. Diese sind in der Schaltnabe im Hinterrad untergebracht, der Gangwechsel erfolgt per Schalthebel. Eine Dreigang-Nabenschaltung hat neben dem direkten einen niedrigen und einen hohen Gang.

Bei Kettenschaltungen wird die Kette zwischen Kettenblättern und Ritzeln unterschiedlicher Größe hin- und hergeschaltet, darf dabei aber nicht ihre Zugspannung verlieren. Dafür sorgt der Kettenspanner des Schaltwerks am Hinterrad. Durch einen speziellen Federmechanismus bewegt sich der Schaltkäfig bei jeder Betätigung des Schalthebels über die Ritzel. Sein Schwenkbereich lässt sich mittels H(igh)- und L(ow)-Schraube einstellen.

In den letzten hundert Jahren hat sich die Anzahl der Ritzel am Hinterrad von vier auf elf erhöht.

In Kombination mit zwei oder drei Kettenblättern ergibt sich so eine Vielzahl von Übersetzungen für jeden Einsatzzweck. Waren früher Achtfach-Schaltungen die Regel, bieten moderne Kettenschaltungen dank schmalerer Ketten und Ritzelkassetten bis zu 33 Gänge. Schaltgruppen verschiedener Hersteller sind nur bedingt miteinander kompatibel. Die großen Hersteller produzieren proprietäre Komponenten.

Fußbremsen

Die einfachste Art, ein Fahrrad zu bremsen, besteht darin, rückwärts zu treten. Bei einem Eingangrad mit starrer Nabe geschieht dies, indem man mit Muskelkraft gegen die Bewegung der Tretkurbeln hält oder das Hinterrad durch abruptes Kontern blockiert (der sogenannte Skid Stop).

Einfacher geht es mit der Rücktrittbremse. Dabei handelt es sich um eine Hinterradnabe mit Bremseinheit, die durch Rückwärtstreten betätigt wird. Der Nachteil dabei ist, dass die Pedale nach dem Bremsen in einer beliebigen Position stehen bleiben und wegen des fehlenden Freilaufs nicht in die zum Anfahren günstigste Position gebracht werden können.

Bei den in den 1930er-Jahren aufgekommenen Fahrrädern vom Typ Cruiser hatten die Naben zur besseren Wärmeableitung häufig dekorative Flansche. Fußbremsen funktionieren nur mit intakter Kette, sind dafür aber bei jedem Wetter verlässlich und je nach eingesetzter Muskelkraft sehr wirkungsvoll.

Handbremsen

Felgenbremsen sind die gewichtssparendste Option. Man unterscheidet Gestänge-, Seitenzug-, Mittelzug-, Doppelgelenk-, Cantilever-, Direktzug-, Linearzug- und Roller-Cam-Bremsen sowie U-Brakes. Felgenbremsen, entweder an der Gabelbrücke oder an den Streben montiert, bestehen aus zwei mit Rückholfeder ausgestatteten Bremsarmen, die beim Bremsen gegen die Felgen gepresst werden. Betätigt werden sie mittels Bremshebel über Gestänge, Bowdenzüge oder hydraulische Bremsleitungen.

Cantilever-Bremsen gewährleisten eine bessere Bremswirkung bei höherer Reifenfreigängigkeit. Man unterscheidet Mittelzugbremsen und Direkt- oder Linearzugbremsen, nach der Shimano-Markenbezeichnung auch V-Brakes genannt. Beide haben zwei Bremsarme mit Rückholfeder, die an der Gabelscheide oder den Sitzstreben befestigt werden. Beim Mittelzug sind die beiden Bremsarme durch einen Querzug miteinander verbunden. Der Bremszuggegenhalter ist am Rahmen befestigt. Beim Bremsen wird der Querzug nach oben gezogen, wodurch die Bremsarme gegen die Felge gedrückt werden. Etwas knifflig ist hier die richtige Einstellung von Querzug und Rückholfeder. Direkt- oder Linearzugbremsen besitzen längere Bremsarme. Der Zuganschlag befindet sich in einem Arm. Von dort wird der Zug zum anderen Arm geführt und mittels Klemmschraube fixiert.

Bandbremsen, bestehend aus einer Bremstrommel, um die herum ein Band mit Bremsbelag an der

Innenseite verläuft, gibt es seit vielen Jahren bei traditionellen Fahr- und Lastenfahrrädern. Sie sind relativ wasserdicht und konstant in der Bremswirkung, allerdings deutlich schwerer als Felgenbremsen. Sie können am Vorder- oder Hinterrad montiert werden, aufgrund der starken Hebelwirkung muss jedoch am Vorderrad die Gabel verstärkt werden.

Scheibenbremsen erfreuen sich dank ihrer höheren Leistungsfähigkeit, besonders unter Extrembedingungen, wachsender Beliebtheit. Sie bestehen aus einer am Rahmen oder an der Gabel befestigten Bremseinheit, die beim Bremsen von beiden Seiten Bremsbeläge auf eine an der Nabe montierte Scheibe drückt. Es gibt einfache Seilzugscheibenbremsen auf dem Markt, aber auch leistungsstarke hydraulische Bremsen mit Mehrkolbenbremssätteln, Schwimmsätteln und Bremsklötzen aller Art sowie Bremsscheiben unterschiedlichen Durchmessers (140–220 mm). Sie bestehen aus Edelstahl, Titan oder Aluminium, mit speziell geschlitzten oder gelochten Bremsscheiben. Rahmen und Gabeln setzen passende Befestigungsmöglichkeiten, Naben mit Scheibenbremsaufnahme sowie spezielle Gepäckträger voraus, die der Scheibenbremse genügend Raum lassen.

Nach einigen Fällen, bei denen sich an Standard-Ausfallenden und Schnellspannern Vorderräder lösten, wurden spezielle Ausfallenden und Steckachsensysteme entwickelt. Das Für und Wider von Scheibenbremsen wird umso heftiger diskutiert, als mittlerweile auch in der UCI World Tour die ersten Scheibenbremsen aufgetaucht sind.

Fahrradtypen

Bei jedem Fahrradtyp sind Rahmengeometrie,
Laufradsatz und Komponenten dem jeweiligen
Verwendungszweck angepasst. Hollandräder gibt es
als Damen- und Herrenmodelle mit Vollkettenschutz,
Schutzblechen und Hinterrad-Seitenverkleidung zum
Schutz der Kleidung. Ein typisches Leihrad für die
Stadt ist ähnlich ausgestattet, wird aber nur in
Einheitsgröße bereitgestellt. Tourenräder wirken
sportlicher als Hollandräder, haben eine andere
Ausstattung, mehr Gänge, Vorder- und Hinterrad-

gepäckträger, farbige Schutzbleche und eine dynamo-betriebene Lichtanlage.

Tandems oder Triplets bieten zwei beziehungsweise drei Fahrern hintereinander Platz. Lastenräder dienen dem Transport größerer Ladungen, seien es Menschen, Tiere, Waren oder Einkäufe. Sie haben einen stabilen Rahmen mit tieferem Schwerpunkt, bestehen fast zur Hälfte aus Gepäckträger(n) und weisen spezielle Gangschaltungen, Bremsen und Lenkvorrichtungen auf. Beladen werden sie vorn und/oder hinten. Im letzteren Fall hat man die Wahl zwischen einem verlängerten Hinterbau und einem ein- beziehungsweise zweirädrigen Anhänger. Lastendreiräder mit zwei Vorderrädern tragen den Lastenkorb vorn, solche mit zwei Hinterrädern werden hinten beladen.

◀ Ein Tandem hat zwei Sitze und vier Pedale für zwei hinter-einander sitzende Fahrer, die sich das Strampeln teilen.

Rennräder

Rennräder verzichten in der Regel auf Schutzbleche, dafür sind hochwertigere Komponenten sowie bessere Laufräder, Schaltungen, Bremsen und Lenker verbaut, alles im Hinblick auf hohes Tempo möglichst leicht und aerodynamisch. Das Gleiche gilt für Bahnräder, die gemäß UCI-Vorschriften weder Bremsen noch Freilauf besitzen. Das Nonplusultra in dieser Kategorie sind die schnellen, robusten Keirin-Bahnräder, bei denen alle Fahrer mit dem gleichen, von der japanischen NJS (heute JKA) zugelassenen Material an den Start gehen müssen.

Im Renn- und im Bahnradbereich gibt es spezielle Modelle für Einzel- und Mannschaftszeitfahren, ausgestattet mit Scheibenbremsen, Lenkeraufsatz und aerodynamischem Rahmen. Die unkonventionelle Sitzposition trug ihnen die Bezeichnung »Funny Bikes« ein, heute fahren fast alle Stars der UCI World Tour sowie der Triathlon-Weltmeisterschaften auf entsprechenden Modellen von Colnago oder Pinarello.

Straßenräder ohne Rennsportauslegung haben gerade Lenker oder Riser Bars, Scheibenbremsen und einige Tourenradkomponenten. Hybridräder mit aufrechter Sitzposition sind vielseitig einsetzbar. Fixies besitzen Riser Bars oder Bullhorn-Lenker, Plattformpedale, als optischen Gag oft bunte Felgen, Reifen und Ketten; diese Stadtvariante der Bahnräder wird von Puristen nur durch Kontern der Tretkurbelbewegung gebremst. Ähnlich minimalistisch wirken Singlespeed-Räder. Im Gegensatz zu Fixies sind sie mit Freilauf ausgestattet.

Liegeräder

Liegeräder zeichnen sich durch eine nach hinten geneigte Sitzposition aus. Sie werden je nach Länge, Sitzposition, Steuerung und Antrieb untergliedert in Langlieger (Tretlager hinter dem Vorderrad, ruhiger Geradeauslauf), Kurzlieger (Tretlager vor dem Vorderrad, wendiger und schneller) und Scooter (Tretlager schräg hinter beziehungsweise oberhalb des Vorderrads, leicht zu steuern).

Außerdem gibt es chopperartige Halbliegeräder mit hohem Sitz und niedrigem Tretlager und Tieflieger mit aerodynamisch tiefer gelegtem Sitz und hohem Tretlager. Es gibt Obenlenker, Untenlenker und Knicklenker. Hinterradantrieb ist die Regel, Modelle mit Vorderradantrieb werden jedoch immer beliebter. Wenn beim Vorderradantrieb das Tretlager am Rahmen montiert ist, wird die Kette beim Lenken leicht verdreht; ist das Tretlager an der Gabel montiert, wird es beim Lenken mitgedreht.

▼ Das *Wind-cheetah*-Liege-dreirad wurde von Mike Burrows entworfen.

Geländeräder

Dazu zählen Cyclocross-Räder (CX), Cross-Country-(XC), Downhill-, Freeride- und Freestyle-Bikes sowie BMX-Räder und Fatbikes. Cyclocross-Räder sind Rennräder fürs Gelände mit speziellen Komponenten wie Cantilever-Bremsen, Zusatzbremshebeln am Oberlenker, kompakteren Kurbelsets und mittelbreiten Stollenreifen. Cross-Country-Mountainbikes, die nur vorn gefedert sind, werden Hardtails genannt und eignen sich für moderates Trial-Fahren und Rennen im Gelände. Für sie wird eine große Auswahl an Komponentengruppen, Laufradsätzen, Schaltsystemen, Bremsen und Lenkern angeboten.

Downhill-Bikes sind vollgefedert und für Abfahrten in steilem, steinigem Gelände gedacht. Sie haben

▼ Ein BMX-Rad mit typischen kleinen Rädern, geeignet für Rennen und Stunts

Doppelbrückengabeln mit sieben oder zehn Zoll Federweg, extragroße Scheibenbremsen, Kettenführung und spezielle Downhill-Zahnradkassetten. Freeride-Bikes sind leichtere, wendigere Varianten der Downhill-Bikes. Mit ihnen kann man besser klettern, springen und die Balance halten.

Freestyle- und Dirt-Bikes gibt es in drei Laufradgrößen: 20, 24 und 26 Zoll. Viele sind Singlespeed-Räder (25 × 9) mit nur einer Felgenbremse am Hinterrad. Trial-Bikes sind reine Stunträder, meistens mit vielen Gängen. Manche haben nicht einmal einen Sattel.

BMX-Räder besitzen kleinere Laufräder (16 bis 24 Zoll) und sind für Rennen und Stunts auf Dirtpisten, Rasen, Pumptracks, Asphalt oder im flachen Gelände ausgelegt. BMX-Fahren kam Anfang der 1970er-Jahre auf und ist heute, wie das Mountainbiking, olympische Disziplin. Mittlerweile sind einige Vintage-BMX-Räder und deren Komponenten bereits heiß begehrte Sammlerobjekte. Die erst vor Kurzem in Mode gekommenen Fatbikes sind für Sand und Schnee konzipiert. Sie weisen extrabreite Rahmen, Naben, Felgen und Reifen (3,5–4,8 Zoll Breite) auf. Schnell sind sie nicht. Der Kick besteht vielmehr darin, selbst auf weichstem Untergrund noch voranzukommen.

Poloräder werden auf Rasen oder Asphalt im Radpolo eingesetzt, einer Sportart, die heute wieder im Kommen ist. Sie haben einen kurzen Radstand, einen einzigen Gang mit geringer Übersetzung und einen Speichenschutz am Vorderrad zum Abfangen des Balls vor dem Tor.

Fahrräder mit Sammlerwert

Jeder hängt an dem Rad, auf dem er die Liebe zum Fahren entdeckte, und so mancher Erwachsene kann sich endlich das Rad kaufen, das er als Kind gern besessen hätte. Es gibt viele Gründe für den Kauf eines alten Fahrrads. Daher gehen manche Exemplare auch meist durch die Hände mehrerer Generationen von Fahrern, die häufig genauso alt sind wie das Rad.

Die Liebe zum Vintage-Bike reicht von älteren Fahrern, die vielleicht noch ein Raleigh-Record-Ace-Rennrad mit Viergang-Schaltung aus dem Jahr 1939 besaßen, bis hin zu jungen Nostalgikern, die gern bei einem sogenannten Tweed Ride mit dabei wären. Heute werden Fahrräder aus den 1970er-Jahren wieder populär, zum Teil, weil Eltern mit ihren alten Rädern auch die Liebe zu Klassikern wie Bonanza-Rädern sowie Rennrädern aus US-, britischer, französischer und italienischer Produktion an ihre Kinder vererbten.

Eine Zeit lang zahlte die Generation 40+ viel Geld für frühe BMX-Modelle und -Komponenten. In jüngster Zeit entdecken die 30- bis 40-Jährigen ihre Liebe für alte Hollandräder mit hohem Lenker, Trommelbremsen, Vollkettenschutz, Transportkorb und Gepäckträger sowie für französische Randonneur-Räder vergangener Jahrzehnte mit gehämmerten Schutzblechen.

▼ Unten: Cinelli Supercorsa (1972); Rechts oben: Apple Krate Schwinn Sting-Ray (1970er-Jahre); Rechts unten: Gios Torino Professional (1986).

2

ZUBEHÖR & KLEIDUNG

Die kleinen Extras

Es ist erstaunlich, wie viel Fahrradzubehör im
Handel angeboten wird. Alles, was nicht Rahmen,
Laufrad oder Komponente ist, wird zum Zubehör
gerechnet. Zusätzlich gibt es ein breites Spektrum an
funktionaler Fahrradkleidung. Exklusive Fahrräder
werden ab Werk oft bereits mit Schutzblechen,
Tasche, Korb, Gepäckträger, Beleuchtung, Schloss
und Klingel ausgeliefert. Das Zubehör ist entweder
Teil des Designs und daher angeschraubt oder
mit Steckverschluss befestigt.

Fahrradtaschen

Für Radfahrer gibt es eine Vielzahl von Taschen
unterschiedlichster Größe: Rucksäcke, Trinkruck-
säcke, Verpflegungsbeutel sowie Hüft-, Kurier-,
Sattel-, Lenker-, Pack-, Rahmen-, Gepäckträger-,
Werkzeug-, Rennrad- und Laufradtaschen, aber auch
ganze Fahrradhüllen. In den Taschen bewahrt man
Flickzeug, Ersatzschläuche, Brieftasche, Handy,
Kamera, Aktentasche, Notebook, Kleidung, Proviant,
Campingausrüstung und mehr auf. Am Körper
getragene Taschen wie Rucksäcke und Kuriertaschen
sind nur eine Notlösung, wenn am Fahrrad selbst
nichts transportiert werden kann. Schweres Gepäck
wird zwar am besten am Fahrrad transportiert,
trotzdem tragen viele Fahrer es lieber am Körper.

Lenkertaschen werden – wer hätte es gedacht – am Lenker befestigt, Satteltaschen an Sattelgestell und Sattelstütze. Manche hochwertigen Sättel besitzen dafür hinten bereits zwei Schlitze. Größere Lenkertaschen sollten an einem stabilen Taschenhalter fixiert werden. Die Oberseite der meisten Lenkertaschen ziert ein wasserdichtes Kartenfach.

Packtaschen werden entweder am Vorder- oder am Hinterrad befestigt und bieten den meisten Stauraum. Normalerweise bringt man sie paarweise an, viele Fahrer nutzen aber auch nur eine Einzeltasche. Hochwertige Campingpacktaschen mit vielen Seitenfächern sollten witterungsbeständig sein. Wenn die Packtaschen ausgelastet sind, kann man Zelt und Schlafsack oben auf den Taschendeckeln und dem Gepäckträger festzurren. Damit ein vorn und hinten voll beladenes Fahrrad nicht instabil wird, sollte man die schwersten Dinge ganz nach unten packen.

Körbe

▲ Körbe, früher
ein Stilelement
des gemächlichen
Radelns, sind
heute stylish
geworden.

Früher galt ein Korb als spießiges Accessoire eines Hausfrauenrads. Heute montiert man ganz cool einen Korb am angesagten Fixie. Es gibt Körbe aus Draht, Weide, Kunststoff oder Holz. Sie werden am Lenker, an der Gabel oder am hinteren Gepäckträger (oben oder seitlich) befestigt. Bei seitlicher Anbringung bildet der Korbdeckel mit dem Gepäckträger eine zusätzliche Ablagefläche. Für den leichteren Transport empfehlen sich zusammenklappbare Körbe. Ein schöner Weidenkorb wirkt immer edel. Picknickkörbe mit Tragegriff und beidseitigem Klappdeckel lassen sich mittels Klickhalterung am Gepäckträger befestigen. Es gibt sogar gepolsterte Körbe für den Haustiertransport.

Klingeln & Hupen

Was wäre ein Fahrrad ohne seine hell tönende Klingel, auch wenn diese im Großstadtlärm oft untergeht? Die meisten Länder schreiben zum Schutz von Radfahrern, Autofahrern und Fußgängern ein Signalgerät am Fahrrad vor. Trillerpfeifen sind nicht überall erlaubt und werden als weniger sicher eingestuft.

Fahrradglocken mit mechanischem Schlagwerk erzeugen durch Druck auf den Betätigungshebel eine helle Tonfolge. Es gibt Modelle, bei denen rotiert die obere Gehäusehälfte, bei anderen rotiert dagegen das Schlagwerk im Innern. Eintonklingeln sind weniger schrill, müssen dafür aber mehrmals betätigt werden. Alternativ gibt es die größeren Zweitonklingeln. Den schönsten Klang haben Messingklingeln (auch mit verchromten oder verkupferten Gehäusen erhältlich).

Fahrradhupen werden durch Zusammendrücken eines Gummibalgs oder per Druckluft betätigt. Der Ton kommt aus einem trompeten- oder hornförmigen Schalltrichter. Drucklufthupen sind deutlich lauter als Klingeln.

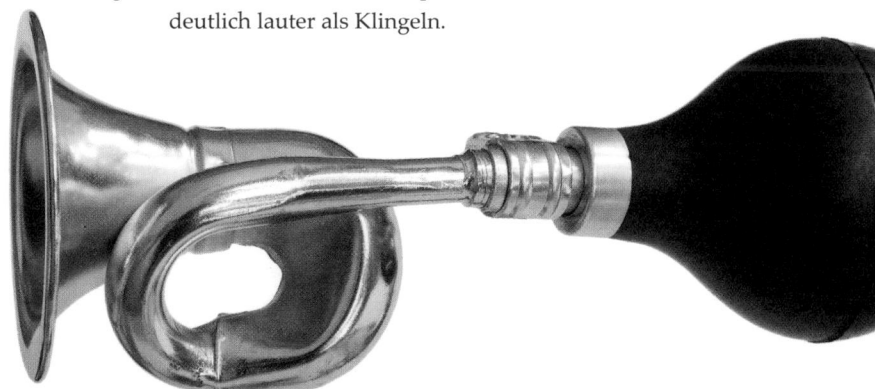

Gepäckträger

Auf Gepäckträgern können Taschen, Körbe, Kindersitze, Kisten und sogar Surfbretter transportiert werden. Manche Hersteller liefern farblich und stilistisch zum Rad passende Gepäckträger. Meistens handelt es sich jedoch um wahlweise erhältliches Zubehör. Manches passt nur für bestimmte Laufradgrößen oder Packtaschen. Auch Leuchtenhalter und Spanngurte gehören zum optionalen Zubehör. Mit einem Autogepäckträger können bis zu vier Fahrräder transportiert werden. Heckgepäckträger sind an vielen verschiedenen Autotypen montierbar. Dachgepäckträger sind die professionellere Lösung, wie man bei großen Radrennen an den Begleitfahrzeugen sieht, allerdings sollte man in Tunneln oder Unterführungen die Gesamthöhe des Fahrzeugs im Auge behalten.

Kindersitze

Sie sind in verschiedenen Modellen für Kinder unterschiedlicher Größe und Altersklassen erhältlich. Die sichere Beförderung des Nachwuchses erfordert eine hohe Rückenlehne, einen leicht nach hinten geneigten Sitz, Frontbügel, Sicherheitsgurt und Fußrasten. Manche Modelle werden vor dem Fahrer auf Oberrohr und Lenker montiert, andere dagegen hinter dem Fahrer auf dem Gepäckträger. Andere Möglichkeiten, Kinder mit dem Rad zu befördern, sind ein verlängerter Hinterbau wie der Zweisitzer von der Firma Xtracycle oder das Bakfiets-Lastenrad mit vorn montiertem Holzkasten und Sitzbank.

Fahrradcomputer

Vor der Erfindung der Fahrradcomputer gab es
Kilometerzähler und Tachometer, um gefahrene
Distanz und Geschwindigkeit zu bestimmen. Diese
Geräte wurden zur Messung der Radumdrehungen
per flexibler Welle mit dem Vorderrad verbunden. Im
Zeitalter der Elektronik kamen die ersten batteriebe-
triebenen Fahrradcomputer am Lenker auf. Sie sind
über Kabel mit einem Magnetsensor am Vorderrad
verbunden und verfügten anfangs nur über Grund-
funktionen: Angezeigt wurden auf dem LCD-Display
Geschwindigkeit (Momentan-, Durchschnitts- und
Höchstgeschwindigkeit), Entfernung (Tageskilometer
und Gesamtdistanz) sowie Zeit (Uhr, Stoppuhr,
Fahrzeit, Fahrzeit insgesamt).

Im Laufe der Zeit kamen immer komplexere
Funktionen hinzu: Anzeige von Trittfrequenz
(erfordert ein zusätzliches Kabel zum Tretkurbel-
sensor), Höhe, Temperatur, Pace (im Verhältnis zum
Durchschnitt) und Herzfrequenz (in Verbindung mit

einem Brustgurt) – das Ganze drahtlos. Das mittler-
weile veraltete *Flight Deck* von Shimano und das
ErgoBrain von Campagnolo zeigten Trittfrequenz und
Übersetzungsverhältnis an und verfügten zudem
über eine akustische Pace-Funktion. Die heutigen
Fahrradcomputer können mit Smartphone-Apps und
GPS-Geräten gekoppelt werden, sodass immer mehr
Daten direkt am Lenker abrufbar sind. Eine weitere
Neuerung ist ein versteckt am Fahrrad angebrachter
Chip, mit dem der Eigentümer sein Rad ausfindig
machen kann, falls es gestohlen wurde.

Fahrradcomputer müssen konfiguriert werden,
das heißt: Zeit, Entfernungsmaßeinheiten und
Laufradumfang müssen eingestellt und durch Ab-
fahren einer Tachomessstrecke überprüft werden.

Schutzbleche

Schutzbleche, auch Spritzschutz genannt, decken das Laufrad entweder ganz oder teilweise ab. Es gibt sie aus Kunststoff, Aluminiumlegierung, Edelstahl oder laminiertem Holz. Ein Schmutzfänger aus Gummi, Leder oder Kunststoff am unteren Ende des Schutzblechs rundet das Ganze optisch ab. Für Fahrräder, die über dem Reifen nicht genug Spiel für richtige Schutzbleche haben, empfehlen sich Steckbleche. Sie schützen zwar nicht so gut, sorgen aber immerhin dafür, dass man bei Regen keinen unangenehmen Spritzwasserstreifen auf dem Rücken bekommt.

Klassische und besonders edle Schutzbleche sind in Kupfer-, Gold- oder Anthrazittönen gehalten, gerillt oder gehämmert, verchromt oder poliert. Manche werden farblich auf das Fahrrad abgestimmt. Die besten handgefertigten Schutzbleche haben speziell gegossene Innengewinde für die Lampenmontage sowie verdeckte Kabelführungen. Seitenschürzen dienen als zusätzlicher Spritzwasserschutz und verhindern, dass lange Röcke oder Mäntel in die Speichen geraten. In Ländern, in denen Seitenschürzen verbreitet sind, werden diese oft in vielen bunten Farben angeboten. An Leihrädern nutzt man großflächige Seitenschürzen gern als Werbefläche.

Bisweilen sammelt sich zwischen Vorderrad und Schutzblech so viel Schmutz oder Kies an, dass das Rad abrupt abgebremst zu werden droht. Manche Schutzbleche sind zur schnelleren Demontage daher mit einem Schnellverschluss am Rahmen befestigt.

Fahrradschlösser

Fahrraddiebstahl ist heutzutage kein Grund mehr für Schlagzeilen, doch die Betroffenen spüren den Verlust ihres Rades hautnah. Da die meisten Fahrräder gestohlen werden, wenn sie irgendwo auf der Straße geparkt sind, empfiehlt sich ein verlässliches Schloss, mit dem sich das Rad sicher ab- und an einem festen Gegenstand anschließen lässt.

Die wertvollsten Teile des Fahrrads muss man am besten schützen. Daher sollte man eher das Hinter- als das Vorderrad anschließen, weil es teurer ist, ein Hinterrad zu ersetzen. Fahrradschlösser gibt es als Kabel-, Ketten-, Bügel- und Faltschlösser, zum Teil aus gehärtetem Stahl. Auch Vorhängeschlösser können mit Kabeln und Ketten verschiedener Größe, Stärke und Sicherheitsstufe kombiniert werden.

Laufradschlösser sind codierte Nabenachsen, die schwere Schlösser überflüssig machen sollen, auch zur Sicherung von Sattelstützen, Vorbauten und Felgenbremsen. Sättel kann man mit dünnen Kabeln oder Ketten (Sattelschlaufen) sichern. Keine guten Ideen sind improvisierte Lösungen wie das Verkleben von Innensechskant-Öffnungen mit Kugellagerkugeln, die Sicherung von Schnellspannern mit Kabelbindern oder Klebeband oder das kurzfristige »Abschließen« des Rads mit Spanngurten.

Beleuchtung

In den meisten Ländern sind weiße oder gelbe
Scheinwerfer sowie rote Rückstrahler vorgeschrieben.
In Deutschland und Frankreich dürfen bestimmte
Fahrradtypen nur mit fest montierter Lichtanlage
verkauft werden. Die meisten Rückstrahler sind
aus Energiespargründen Blinklichter. Diese
werden jedoch in Deutschland und den
Niederlanden aufgrund der Gefahr einer
Verwechslung mit Noteinsatzfahrzeugen
nicht zugelassen. Die meisten Radfahrer
begnügen sich mit Scheinwerfern, die in
erster Linie dazu dienen, von anderen
Verkehrsteilnehmern gesehen zu werden.
Zur Ausleuchtung des Fahrweges im
Dunkeln sind deutlich leistungsstärkere
Weitwinkel-Scheinwerfer mit großer Reichweite
erforderlich.

Früher ging die Beleuchtung aus, wenn das
Fahrrad zum Stillstand kam oder weil die
Lämpchen durchbrannten, wenn sie zu hoher
Spannung ausgesetzt wurden. Dank der
heute verwendeten Kondensatoren und
Dioden genießen die Lämpchen Überspan-
nungsschutz und haben eine Standlicht-
funktion. Dynamos sind über Kabel mit
Scheinwerfer und Rücklicht verbunden.
Bei hochwertigen Fahrrädern verläuft die
Kabelführung weitgehend unsichtbar und
geschützt durch Gabel, Rahmen und
Schutzbleche.

Fahrradgriffe & Lenkerband

Aussehen und Haptik des Lenkers spielen eine entscheidende Rolle. Der Lenker sollte mit einem Material umwickelt werden, das sicheren Halt bietet, denn am Lenker wird gesteuert, geschaltet, gebremst, geklingelt und gezogen. Mal umklammern die Hände den Lenker, mal ruhen sie nur auf ihm.

Die Umwicklung eines Rennlenkers sollte 7 bis 14 Minuten in Anspruch nehmen, je nachdem, ob es sich um einen Bahnrad-, Rennrad- oder Triathlonlenker handelt. Das sollte reichen, um zwei Rollen Gewebeband um den Lenker zu wickeln, dieses mit Klebeband zu fixieren und die Lenkerstopfen wieder anzubringen. Das Entfernen des alten Bandes und der Kleberrückstände kann allerdings doppelt so lange dauern.

Früher umwickelte man von der oberen Lenkermitte zu den Griffenden hin. Das Band wurde am Ende abgeschnitten und in das Lenkerrohr gestopft, sodass der Lenkerstopfen fest saß. Heute beginnt man am anderen Ende und wickelt zur Lenkermitte hin. Mit der traditionellen Vorgehensweise hatte man am oberen Lenker eine schöne Wicklung ohne Abschlussklebestreifen. Da sich so aber das Band am hochbelasteten Bereich des oberen Lenkerbogens am inneren Rand immer aufrollte, wurde die Wickelrichtung geändert. Mit der neuen Technik überlappen sich die Wicklungen so, dass die freiliegenden Bandränder außen liegen und nicht mehr hochgeschoben werden können.

Man beginnt also am Lenkerende innen, lässt das Band zur Hälfte überstehen und wickelt es unter festem Zug einmal um den Lenker, wobei man darauf achtet, dass jede Wicklung die vorangehende circa zur Hälfte überlappt. Je größer die Überlappung, desto mehr trägt das

Lenkerband auf. Gerade Lenkerteile lassen sich leichter umwickeln. An den Biegungen sollte das Band spitzwinkliger zum Lenker geführt werden. An den Bremsgriffen klebt man zunächst die Befestigungsschelle mit einem schmalen Lenkerbandstreifen ab. Dann wird das Lenkerband ein- oder zweimal über Kreuz um den Griff gewickelt. Die Ränder werden unter den Griffgummi geschoben.

Zum Schluss umwickelt man den oberen Teil des Lenkers und schneidet am Ende das Band schräg ab, damit die letzte Wicklung gerade abschließt. Das Bandende fixiert man entweder mit Reifenkitt oder einem Klebestreifen. Alternativ kann man auch mit buntem Isolierband Farbakzente setzen.

Das Umwickeln mit Lenkerband ist gewöhnlich der letzte Schritt beim Aufbau eines Rades. Es gibt sogar mit Schellack imprägniertes, zwirnverstärktes Gewebeband. Aufgeschnittene Schläuche eignen sich gut als rutschfeste Unterlage. Ein Harlekin-Muster bekommt man, indem man zwei verschiedenfarbige Bänder in gegenläufiger Richtung schräg überlappend um den

Lenker wickelt. Wer es edel mag, zieht ein Stück Stoff oder Leder straff um Lenker und Bremsgriffe und näht das Ganze an der Unterseite zusammen.

Beim Wickeln sollte man nicht zu viel Band auf einmal abrollen, den Klebestreifen an der Unterseite nur nach und nach abziehen und darauf achten, dass das Band nicht schon beim Wickeln verschmutzt. Kork- und Kunststoffbänder darf man nicht zu stark dehnen, da sie leicht reißen oder brechen. Etwaige Risse verschwinden unter einer zusätzlichen Wickelschicht.

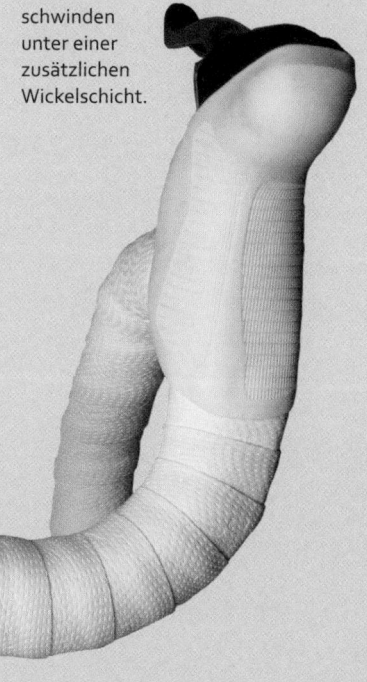

Reifendruckdruck & Luftpumpen

Reifen verlieren grundsätzlich Luft. Weil für optimales Fahren ein bestimmter Druck erforderlich ist, sollte man die Reifen entsprechend aufpumpen. Der Reifendruck wird in Bar oder PSI (pounds per square inch) gemessen. Fatbikes benötigen um die 30 PSI, Bahnräder mit Schlauchreifen 200 PSI. Bei geringerem Reifendruck kann sich die Luft im Reifen mehr ausdehnen als bei hohem Druck.

Es gibt Handpumpen und Minipumpen für unterwegs sowie größere Standpumpen für den Gebrauch zu Hause oder bei Rennen. Alternativ können auch Fußpumpen, Kompressoren oder Druckluftpumpen verwendet werden. Für Federgabeln gibt es spezielle Dämpferpumpen mit Luftdruckanzeige und Ablassventil.

Bei Handpumpen sitzt der Pumpenkopf entweder direkt am Zylinder oder an einem Verlängerungsschlauch. Letzteres vereinfacht das Aufstecken auf das Fahrradventil, ist aber mit einem Pumpleistungsverlust verbunden.

Am weitesten verbreitet sind Schrader- und Prestaventile. Deswegen besitzen die meisten Fahrradpumpen zwei Pumpenköpfe. Der Presta-Pumpenkopf eignet sich außerdem auch für die selteneren Dunlop-

ventile. Manche Pumpenköpfe haben nur
eine Öffnung, die auf beide Ventilarten
passt, oder einen patentierten SmartHead-
Drehkopf. Außerdem gibt es Presta-Aufsätze für
Schrader-Pumpenköpfe. Bei vielen Modellen wird
der Pumpenkopf mittels Hebel luftdicht auf dem
Fahrradventil fixiert.

Rahmenpumpen führt man in Halterungen am
Sitzrohr oder am Oberrohr mit. Dementsprechend
verfügen sie oben am Griff sowie am unteren
Ende über entsprechende Aussparungen. Die
Pumpe wird etwas zusammengedrückt, sodass
sie optimal in die Klemmvorrichtung passt.

Standpumpen sind größer und lassen sich leichter
bedienen. Sie pumpen schneller, da mit jedem Hub
mehr Luft in den Schlauch gelangt. Es gibt sie in
verschiedenen Zylindergrößen mit analo-
ger oder digitaler, oben oder unten am
Zylinder angebrachter Reifendruckanzeige.
Der Pumpenkopf sitzt an einem langen Schlauch,
in dem sich bei etwaigen Ventildefekten die Pump-
luft staut.

▲ Eine mit der
Hand oder dem
Fuß bedienbare
Fahrradpumpe ist
ein unverzichtba-
res Zubehör für
jeden Radfahrer.

Druckluftpumpen mit CO_2-Kartuschen sind eine
extrem zeit- und kraftsparende Alternative, auf die
viele Mountainbiker in Wettkämpfen zurückgreifen.
Bei diesen Pumpen wird eine Kartusche (16 Gramm
CO_2) an den Pumpenkopf geschraubt.

Flickzeug & Werkzeuge

Jeder Radfahrer, der etwas auf sich hält, kennt natürlich sein Rad und weiß, wie man es wartet. Die dafür benötigte Grundausstattung umfasst Flickzeug, Schmier- und Reinigungsmittel sowie Inbus- und Ringschlüssel. Passionierte Bastler und Schrauber sollten über die Anschaffung von Werkbank, Montageständer und Schraubstock nachdenken.

Wer sich an die einzelnen Komponenten wagen will, benötigt Drahtseilscheren und Crimpzangen für Seilzüge und Seilzughüllen, Kassetten- und Freilaufabzieher, Schneid-, Entgrat-, Austreib- und Einpresswerkzeuge zur Montage von Steuersatz und Tretlager, Achshalter und Konusschlüssel zum Einstellen der Naben, Speichenschlüssel, Nippelspanner und Zentrierstand zum Zentrieren der Laufräder, Kettenpeitschen und Hakenschlüssel zur Demontage von starren Ritzeln sowie einen Drehmomentschlüssel zur Gewährleistung des richtigen Anzugsmoments bei empfindlichen Leichtbaukomponenten.

Zum Flickzeug gehören Flicken unterschiedlicher Größe, Kleber, Sandpapier, zwei Mantelheber sowie etwas Talkum zum leichteren Aufziehen von Reifen und Schlauch. In Fahrradwerkstätten werden Reifen nicht mehr geflickt. Auch Rennradfahrer flicken ihre Schlauchreifen nicht mehr. Heute wird selbst bei kleinsten Durchstichen gleich ein neuer Schlauch aufgezogen.

Als Schmierstoffe benötigt man Öl für die Kette und alle beweglichen Teile sowie Lagerfett. Zum Reinigen eignen sich am besten Spülmittel und Entfetter. Etwas anspruchsvoller in der Anwendung sind Gleitmittel zur Reibungsminderung, Versiegelungsmittel wie Schraubensicherungslack, Montagepaste für den Zusammenbau von Carbon- und Titankomponenten sowie Schneidöl für metallische Werkstücke. Federgabeln benötigen Federgabelöl, hydraulische Scheibenbremsen Bremsflüssigkeit oder Mineralöl.

Fahrradkleidung

Es gibt kein schlechtes Wetter, nur ungeeignete Kleidung. Funktionale Textilien für Radfahrer müssen atmungsaktiv, saugfähig, gepolstert, aerodynamisch und so geschnitten sein, dass sie in den verschiedenen Sitzpositionen nicht behindern. Außerdem sollten sie Schutz bei Stürzen bieten. Mehrere Schichten zu tragen ist empfehlenswert, damit Kleidungsstücke je nach Witterung aus- oder angezogen werden können. Beim Kauf orientiert man sich am besten an der Größentabelle des Herstellers, weil Größen nicht unbedingt standardisiert sind. Die Ausrüstung des Radfahrers umfasst Kappe, gepolsterte Radhose, gepolsterte Handschuhe, Helm, Trikots mit Rückentasche, Schuhe mit Cleats, Regencape sowie Schulter-, Ellenbogen-, Knie- und Schienbeinprotektoren.

Radhosen

Die pausenlose Tretbewegung kann das Gesäß wund scheuern. Die Folge dieser ständigen Reizung der Haut sind Schwielen und Blasen. Für ganztägige Ausfahrten empfehlen sich Radhosen mit Polster. Damit man sich im Schritt nicht aufreibt, sollte das Sitzpolster frei von Nähten sein. Radhosen trägt man eigentlich ohne Unterhose. Trotzdem gibt es Radunterhosen für alle, die gern eine Extraschicht Stoff zwischen sich und dem Sattel haben.

Radhosen wurden früher aus Wolle mit Rehledereinsatz gefertigt, in Schwarz, damit Verschmutzungen weniger sichtbar waren. Damit sie bei Regenfahrten nicht rutschten, wurden sie nicht von einem Gummizug, sondern von Hosenträgern gehalten. Diese drückten jedoch aufs Zwerchfell und erschwerten die Atmung. Zum Schutz vor Wundreibung schmierte man sich Walfett in den Schritt. Heute gibt es synthetische oder pflanzliche Sitzcremes, Kompressions-Trägerhosen aus Lycra mit synthetischen Einsätzen, nach Bedarf dicken oder dünnen Polstern, und weitem oder engem Oberschenkelabschluss.

▲ Gepolsterte Radhosen tragen dazu bei, wund gescheuerte Stellen oder Blasen am Gesäß und im Schritt zu vermeiden.

Helme

Fahrradhelme haben einen unterschiedlich geformten Vorder- und Hinterkopfbereich. Sie sollen waagerecht aufgesetzt werden und werden mit einem Riemen unter dem Kinn fixiert. Für den spielfreien Sitz sorgen ein Ratschenverschluss sowie herausnehmbare Klettpolster. So können auch Kappen oder Mützen problemlos unter dem Helm getragen werden.

Schuhe

Fahrradschuhe haben im Vergleich zu normalem Schuhwerk eine steifere Sohle, wodurch die Kraft besser auf den gesamten Fuß verteilt wird. Pedale mit Rennhaken und Riemen sowie Klickpedale, die fest mit der Schuhsohle verbunden sind, sorgen dafür, dass der Fuß in keiner Phase der Tretbewegung vom Pedal rutscht.

Es gibt Schuhe für verschiedene Radsportarten: Rennradschuhe für möglichst hohes Tempo, Geländeschuhe mit dicker Profilsohle und höherem Knöchel und etwas schickere, flache, nicht zu glatte Schuhe für Streetbikes. Die einschlägigen Verschlusssysteme sind Schnürsenkel, Klettverschluss, Schnallen oder Drehverschlüsse – Letztere ermöglichen ein Festerschnallen während der Fahrt. Zur Anbringung der Cleats haben Rennradschuhe eine Dreiloch-Bohrung, Schuhe für Mountain- und Streetbike dagegen eine Zweiloch-Bohrung.

Wenn Radfahrer nach einer längeren Tour absteigen und auf den Boden der Tatsachen zurückkommen, wirkt ihr Gang häufig alles andere als sicher. Das kann daran liegen, dass sie zu viel Zeit gebeugt im Sattel verbracht haben, vor allem aber daran, dass die Cleats die Sohle rutschiger machen. Hier schaffen Schutzkappen für Cleats Abhilfe. Vergleicht man Fahrradschuhe in Bezug auf ihren Gehkomfort, dann schneiden Streetbike-Schuhe am besten, Mountainbike-Schuhe am zweitbesten und Rennradschuhe am schlechtesten ab.

▼ Fahrradschuhe für Frauen, WR31 SPD-SL von Shimano (2013)

3
BIKE-FITTING & FAHRRAD-GEOMETRIE

Alles Abstimmungssache

Radfahren macht nur dann Spaß, wenn das Fahrrad
perfekt auf den Fahrer abgestimmt ist.

Der menschliche Körper ist zwar extrem anpassungs-
fähig, trotzdem lautet die goldene Regel: immer das
Rad dem Körper anpassen und nicht umgekehrt.
Natürlich ist das Rad nur bedingt anpassungsfähig.
Es ist sinnlos, einen zu groß oder zu klein gewählten
Rahmen mit kürzeren oder längeren Komponenten
kompensieren zu wollen, denn dadurch werden
Komfort, Lenkbarkeit und Biomechanik beeinträch-
tigt. Beim Aufbau eines Fahrrads sollten Rahmen,
Laufräder und Komponenten unbedingt entspre-
chend der Größe und der bevorzugten Sitzposition
des Fahrers gewählt werden.

Die Geometrie von Rahmen und Gabel bestimmen
Typ und Fahrverhalten eines Fahrrads. Daher werden
sie bei der Biometrie-Analyse auch als Erstes
vermessen. Die Fahrradgeometrie ergibt sich aus
Rahmengröße, Rahmenform und den Abmessungen
der einzelnen Rohre. Gemessen werden unter
anderem der Radstand, die Länge des Sattel- und
Oberrohrs, Steuer- und Sitzwinkel, Gabelkrümmung
und Tretlagerhöhe. Für die meisten seriengefertigten
Fahrräder gibt es Datenblätter mit den wichtigsten
Angaben zur Rahmengeometrie.

Fitting

Zur optimalen Abstimmung müssen der Körper des Fahrers, das Fahrrad und der Fahrer auf dem Rad vermessen werden, das heißt, man misst Größe, Gewicht, Schritthöhe, Arme, Hände, Beine, Füße und Kopf des Fahrers sowie radseitig Sattelhöhe, den Abstand von der Sattelspitze zur Tretlagermitte, Sitzwinkel, Lenkerhöhe, Vorbaulänge, Steuerwinkel, Lenkerbreite, Lenkervorbiegung, den Höhenunterschied vom Ober- zum Unterlenker, Position der Schalt- und Bremshebel, Tretkurbellänge, Aufstandsfläche der Pedale und Position der Cleats. Selbst minimale Veränderungen dieser Parameter können Fahrkomfort und Fahrverhalten beträchtlich erhöhen.

Profis arbeiten mit digitaler Vermessungstechnik, Leistungsdiagnostik, Videoanalysen, Biometrie und Windkanal. Auf der Grundlage dieser Daten entwirft der Fahrradbauer mittels eines CAD-Programms ein Modell, das zur Veranschaulichung der Sitzposition ausgedruckt werden kann.

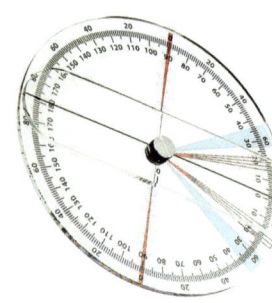

▲ Mithilfe des Goniometers bestimmt man beim Fitting unter anderem jene Winkel, die für die Sitzhöhe und die korrekte Kniebeugung wichtig sind.

Die wichtigste Regel beim Fitting: Der Fahrer muss mit dem Fahrrad zwischen den gespreizten Beinen bequem stehen können. Die Standhöhe gibt den Abstand vom Oberrohr zum Boden an. Idealerweise sollte der Abstand zwischen Schritt und Oberrohr sechs Zentimeter betragen, damit man bequem auf- und absteigen kann.

Die zweite Regel lautet: Man sollte bequem den Lenker erreichen, denn dort befinden sich die

wichtigen Brems- und Schalthebel. In den meisten Fällen empfiehlt sich ein Lenker, den man auch an der entferntesten Stelle mit ausgestreckten Armen bequem greifen kann. Manche Lenkerformen erlauben mehrere Griff- und Sitzpositionen. Die Rumpflänge wird im Stehen vom Schritt bis zum oberen Brustbeinende gemessen. Zur Messung der Armlänge greift man mit ausgestrecktem Arm nach dem Lenker. Gemessen wird vom Schulterdach zur Mitte der Faust. Zusätzlich sollten Ober- und Unterarmlänge separat ermittelt werden. Rumpf- und Armlänge ergeben zusammen die Oberkörperlänge.

Die Sitzlänge ist der horizontale Abstand der Sattelspitze zur Mitte des Oberlenkers (Vorbauspalt).

▲ Beim Fitting werden die Winkel und Abstände zwischen Ellenbogen, Schultern, Hüften, Knien und Fußgelenken genau vermessen.

Gabelkrümmung & Nachlauf

Der Steuerwinkel sollte sich grundsätzlich nach dem Einsatzzweck des Fahrrads richten. Das Gleiche gilt für Gabelkrümmung und Nachlauf. Die Gabelkrümmung gibt den Winkel zwischen der gedachten Verlängerung des Steuerrohrs und der Senkrechten der Vorderradnabe an. Zusammen mit Steuerwinkel und Laufraddurchmesser ist die Gabelkrümmung ausschlaggebend für den Nachlauf, das heißt den Abstand zwischen dem Aufstandspunkt des Vorderrads und dem Schnittpunkt der gedachten Verlängerung des Steuerrohrs mit der Bodenlinie.

Der Nachlauf reicht bei Sporträdern von 40 bis 55 Millimetern. Bei Steuerwinkeln zwischen 70 und 75 Grad liegt er zwischen 50 und 65 Millimetern. Optimale Stabilität und Wendigkeit sind bei einem Nachlauf gewährleistet, der bei etwa 57 Millimetern liegt.

Bei Touren- und Rennrädern reichen die Steuerwinkel von 55 bis 75 Grad, die Gabelkrümmung reicht von 38 bis 56 Millimetern und der Nachlauf von 50 bis 65 Millimetern. Optimale Stabilität und Wendigkeit werden hier ebenfalls bei einem Nachlauf von rund 57 Millimetern erreicht.

Angesichts der Vielzahl der ineinandergreifenden Parameter und Variablen lässt sich die fahrstabilisierende Wirkung des Nachlaufs mathematisch nicht einfach erklären, weil es keine Universalformel gibt. Hier kommen nämlich Differenzialgleichungen vierter Ordnung mit vielen Variablen ins Spiel, unter anderem die Verteilung der Körpermasse auf dem Rad, die Rahmengeometrie sowie die Reifenaufstandsfläche und das Haftvermögen des Reifens.

Steuer-
winkel

Gabel-
krümmung

Nachlauf

Genauso wichtig für die Sitzposition sind aber auch die Sattelneigung, der Höhenunterschied zwischen Sattel und Vorbau sowie der Steuerwinkel und die Lenkerneigung. Maßgeblich für die Sitzlänge ist in erster Linie die Länge des Oberrohrs, die entweder absolut angegeben wird oder als der in der Waagerechten gemessene Abstand zwischen Sattel- und Steuerrohr.

Die Beinlänge wird nach Ober- und Unterschenkel getrennt ermittelt. Etwaige Längenunterschiede werden ebenfalls erfasst. Hierfür setzt man sich am besten mit dem Rücken an eine Wand gelehnt auf eine Bank, sodass sich die Oberschenkel parallel zum Boden befinden. Die Oberschenkel werden vom Gesäß bis zur Kniescheibe gemessen, die Unterschenkel vom Knie zur Fußsohle. Mit Hilfe dieser Angaben lassen sich der ideale Abstand zwischen Sattelspitze und Tretlagermitte, die beste Position der Pedale und damit die optimale Ausrichtung der Cleats ermitteln, was wiederum die Kraftübertragung entscheidend beeinflusst.

Die Schulterbreite wird im Stehen über den Rücken bei gerade nach vorn gestreckten Armen von der einen Schulteraußenseite zur anderen gemessen. Sie bestimmt die Lenkerbreite sowie die Position der Griffe. Handgrößen können über die Handschuhgröße ermittelt werden oder durch die Bestimmung der Griffweite mit Hilfe von Stangen unterschiedlichen Durchmessers. Der Kopfumfang wird in Stirnhöhe gemessen. Er bestimmt die Größe des Helms und anderer Kopfbedeckungen.

Fahrradgeometrie

Nach dem Fitting rückt die Rahmengeometrie in den Mittelpunkt, das heißt die genauen Abmessungen, die auf den Einsatzzweck des Fahrrads abgestimmt werden. Jeder Fahrradtyp hat seine eigene, ihm angepasste Rahmengeometrie.

Der Aufbau eines Fahrrads beginnt zunächst mit einer maßstabsgetreuen Zeichnung, die die genauen Spezifikationen des Rahmens und der Gabel festlegt. Dieser Entwurf geht dann entweder in Serie oder dient dem Urheber als Vorlage für den eigenhändigen Aufbau. Mit der Rahmengeometrie bestimmt der Konstrukteur unter anderem auch Nachlauf, Gabelkrümmung, Radstand und Tretlagerhöhe und damit das Fahrverhalten des Fahrrads.

Der Entwurf eines Fahrrads mit einem klassischen gemufften Stahlrahmen beinhaltet alle für die Rahmenkonstruktion notwendigen Angaben: Länge, Durchmesser, Wandstärke, Winkel und Krümmung der Rohre, Gabelscheide, Streben, Gabelkopf, Muffen, Tretlagergehäuse und Ausfallenden. Der Spielraum für Reifen, Bremsen, Schutzbleche und Radschuhe oder Rennhaken wird ebenso eingezeichnet wie diverse die Geometrie beeinflussende gedachte Linien: die waagerechte Linie zwischen den Radachsen (zur Verdeutlichung des Höhenunterschieds zwischen Tretlager und Radachsen) oder die Verlängerung des Steuerrohrs, die zusammen mit der Senkrechten der Nabe Aufschluss über den Nachlauf gibt.

Zu den Spezifikationen gehören auch Angaben zu Rohrverbindungen, internen oder externen Kabelführungen, Sattelklemme, Bohrungen, Bremssockel, Kettenstrebenstege, Luftpumpenhalterung und Ähnlichem. Für Monocoque-Rahmen muss eine entsprechende Gießform hergestellt werden. Jedes einzelne Detail muss sowohl optisch als auch funktional stimmig sein.

Die Wahl der richtigen Gabel erfordert die Kenntnis aller maßgeblichen Parameter wie Reifengröße, Steuerrohrlänge, Länge der Gabelscheiden, Gabelkopfdurchmesser, Art und Position des Bremssockels, Radachsentyp, Bohrungen für die Montage eines Gepäckträgers sowie der Abstand vom Rahmen zum Schutzblech. Federgabeln erfordern eine spezielle Rahmengeometrie, die ein korrektes Ein- und Ausfedern ermöglicht.

Ein weiteres Element, das die Rahmengeometrie bestimmt, ist die Position des Tretlagers, insbesondere die Tretlagerhöhe, denn sie beeinflusst die Bodenfreiheit und die fahrbare Kurbellänge. Größere Tretlagerhöhen bieten mehr Bodenfreiheit, die sowohl von Bahnradfahrern als auch von Mountainbikern geschätzt wird. Tief angesetzte Tretlager sind ein Merkmal von Citybikes, Tourenrädern und Lastenrädern. Bei Letzteren hängt die Wendigkeit dann vom Radstand und von der Hinterbaulänge ab.

Die richtige Sitzposition

Die ideale Sitzhaltung ist mittig; sie ermöglicht ein effizientes und kraftsparendes Treten bei optimaler Trittfrequenz. Beim Radfahren lastet das Körpergewicht fast ausschließlich auf dem Gesäß. Die Auflagepunkte sind auf Standardsätteln die beiden Sitzbeinhöcker, die durch einen mit Flüssigkeit gefüllten Schleimbeutel abgepolstert werden. Der Abstand zwischen den Sitzbeinhöckern liegt bei Männern bei etwa 7,5 Zentimetern, bei Frauen bei 10 Zentimetern. Dementsprechend sind Damen- und Herrensättel den jeweiligen anatomischen Gegebenheiten angepasst. Liegeradsättel verfügen über eine Rückenlehne. Hier ruht das Gewicht auf Sitzbein, Darmbein und Kreuzbein.

Die Rumpf- und Schulterhaltung beziehungsweise die Neigung des Oberkörpers richten sich nach der gewünschten Tretkraft. Die bequemste Sitzposition ist die aufrechte Haltung, in der Nacken, Schultern, Arme und Hände entspannt sind, vorausgesetzt, das Körpergewicht ruht größtenteils auf einem bequemen Sattel. Bei einer Oberkörperneigung von 60 bis 45 Grad ruht mehr Gewicht auf Schultern und Armen. Dennoch fährt es sich in dieser Position noch relativ bequem.

Bei den meisten Sitzhaltungen kommen die großen Muskelgruppen zum Einsatz: Bein-, Gesäß- und untere Rückenmuskulatur. Oberkörper und Arme

▶ Radfahrer führen repetitive Bewegungen über unterschiedlich lange Zeiträume in unterschiedlich hoher Intensität aus. Daher wirkt sich auch die kleinste Veränderung der Sitzposition unmittelbar auf Fahrkomfort und Leistung aus.

werden weniger beansprucht. Die Bauchmuskulatur
spielt kaum eine Rolle. Daher wird ein gezieltes
Ausgleichstraining empfohlen.

Schmerzen – Rückenschmerzen, steifer Nacken oder
verspannte Schultern – sind meist eine Ermüdungs-
erscheinung nach langen Ausfahrten. Bei einer
Oberkörperneigung von 45 Grad werden Nacken,
Schultern, Arme, Handgelenke und Hände stärker
beansprucht. Das entspricht dem in dieser Haltung
insgesamt sportiveren Fahrstil. Unabhängig von der
Haltung sollte man grundsätzlich auf eine ausgewo-
gene Gewichtsverteilung achten, damit sich das
Fahrrad besser steuern lässt.

Der Knielot-Mythos

Eine klassische Methode zur Einstellung der richtigen Sattelposition ist die Knielotmessung (das Knie sollte sich über der Pedalachse befinden). Diese Methode eignet sich jedoch nicht für Liegeräder und wurde vom ehemaligen Profifahrer und Rahmenbauer Keith Bontrager infrage gestellt. Seiner Meinung nach beruht die Knielotmethode auf einer willkürlich gewählten Korrelation, ist statistisch nicht ausreichend gesichert und für Liegeräder ohnehin nicht anwendbar. Statt zu glauben, die Kraft werde hauptsächlich von den Oberschenkeln über die Knie auf die Pedale übertragen, sollte man sich laut Bontrager lieber auf das biomechanische Zusammenspiel von Unterschenkel, Fuß, Pedal und Tretkurbel konzentrieren.

Die Biomechanik des Tretens wird von einer Reihe starrer Hebel (Oberschenkel, Unterschenkel, Fuß, Tretkurbel, Sitzrohr) in Kombination mit diversen Gelenken (Hüfte, Knie, Knöchel, Pedale, Tretlager) beeinflusst. Es gibt eine Vielzahl sitzender und stehender Positionen auf dem Fahrrad. Je nach Position verlagert sich der Schwerpunkt des Fahrers, und demzufolge ändert sich auch die auf Arme und Beine wirkende Kraft. Bei der Ermittlung der optimalen Sitzposition muss man daher auch darauf achten, dass im Bereich der Schultern und Arme nicht unnötig viel Kraft zur Abstützung des Rumpfes aufzuwenden ist.

4
HERSTELLER
& MARKEN

Wer stellt was her?

Unter den Fahrrad-, Rahmen-, Komponenten-, Zubehör-, Laufrad- und Reifenherstellern sind Familienbetriebe ebenso vertreten wie multinationale Unternehmen. Die Fahrradindustrie besteht aus Firmen, Investoren, Designern, Ingenieuren, Vertriebsexperten, Erfindern, Herstellern und Radfahrern. Sie alle verbinden dieselbe Leidenschaft und eine profunde Kenntnis der Materie.

Die Fahrradindustrie bringt immer wieder Innovationen auf den Markt, manche revolutionär, andere einfach nur überflüssig. Ob die Kunden noch eine weitere Reifengröße, ein neues Bremssystem oder irgendein Gadget tatsächlich brauchen oder wollen? Neuerungen werden auf den großen Fachmessen wie der Eurobike (Deutschland) oder der Interbike (USA) vorgestellt, den klassischen Begegnungsstätten von Herstellern, Händlern und Fachmedien.

Das Rad neu erfinden

Fahrräder tragen oft den Namen des Rahmenbauers, also den einer Person, eines Werks oder einer großen Marke. Jeder Rahmenbauer legt Wert darauf, nicht nur mit seinem Namen auf Steuerkopfschild und Unterrohr verewigt zu sein, sondern auch mit einem Zusatz, seien es Cycles, Bikes, ein Markenname oder ein aus den verschiedenen Bezeichnungen für

Fahrrad – bici, birota, cykel, fiets, Rad, rijwiel, rower, sepeda oder vélo – gebildetes Kunstwort.

Doch das Kind braucht auch einen Namen. Glücklicherweise gibt es genügend Modellnamen, Akronyme und Zahlen, aus denen man Namen bilden kann. Neben Rahmenhersteller und Modellbezeichnung muss auch die Komponentengruppe mit in den Namen eingehen. Das ergibt dann Namen wie *Super Record C-50* (ein Rennrad aus dem Hause Colnago mit Campagnolo-Ausstattung) oder *S-Works EPIC Carbon DI2 29* (ein 29er-Modell mit Di2-Scheibenbremsen).

▲ Auf der Berliner Fahrradschau werden neue Modelle vorgestellt. Anlässlich von Messen wie dieser, vor allem aber der Eurobike, ebenfalls in Deutschland, oder der Interbike in den USA, feiern häufig neue Designs und Produkte Premiere.

In der Regel lässt sich kaum feststellen, ob der werbewirksame Herkunftsnachweis »Made in …« tatsächlich stimmt, denn Designer, Rahmenbauer und Komponentenhersteller sind oft in verschiedenen Ländern beheimatet. Sogenannte Erstausrüster produzieren in ihren eigenen Werken für andere Firmen.

Nur wenige Hersteller verwenden für den Aufbau eines Fahrrads ausschließlich Teile aus ein und demselben Land, wie es noch in Frankreich in den 1940er- und 50er-Jahren üblich war, aber auch bei den italienischen Rennrädern der 1960er- und 70er-Jahre oder bei den rein japanischen Keirin-Rädern der 1980er- und 90er-Jahre. Alle Einzelteile vor Ort beschaffen zu wollen ist jedoch kostspielig und nicht ganz leicht, denn nur selten sind die nötigen Werkstoffe und Komponenten überall erhältlich.

▼ Das *S-Works Epic Carbon 29er* von Specialized

Die großen Marken

Die Marktführer produzieren neben den seriengefertigten
Fahrrädern und Komponenten auch im High-End-Bereich.
Sie verkaufen ihre Produkte weltweit und sponsern Radrennteams. Sie verfügen über entsprechende Forschungsabteilun-
gen, Prüf-Labors, ein effizientes Marketing, alle erforderli-
chen Markenrechte, Patente und Lizenzen sowie ein gut
ausgebautes Vertragshändlernetz. Viele bekannte Hersteller
sind im Besitz großer Holdings, die mehrere Marken unter
ihrem Dach vereinen. Hier eine Liste der größten:

Zur niederländischen **Accell Group** gehören
Batavus, Koga Miyata, Lapierre (Frankreich), Mercier (Frankreich),
Raleigh (USA / Großbritannien) und Van Nicholas.

Zu **Advanced Sports International** (USA) gehören
Fuji, SE, Breezer und Kestrel.

Cycleurope (Schweden) vereint unter einem Dach Bianchi (Italien),
Gitane (Frankreich), Peugeot (Frankreich) und Puch (Österreich).

Dorel Industries (Kanada) ist Eigentümer der US-Marken
Cannondale, GT, Mongoose, Pacific und Schwinn.

Zur niederländischen **Pon Holdings BV** gehören
Cervélo (Kanada), Focus (Deutschland), Gazelle und Univega.

Selle Royal S.p.A. (Italien) umfasst die Marken
Brooks (England), Crank Brothers (USA), fi'zi:k und Lookin.

Giant

WWW.GIANT-BICYCLES.COM

Giant gilt als größter Fahrradhersteller der Welt, denn Giant fertigt nicht nur unter eigenem Namen, sondern auch für diverse andere große Hersteller. Giant Manufacturing Co. Ltd. ist ein 1972 im taiwanesischen Dajia von King Liu gegründetes börsennotiertes Unternehmen. Als Erstausrüster fertigte Giant seit Schließung des Schwinn-Standorts in Chicago zunächst Fahrräder für die bekannte US-Marke. Später entwickelte sich Giant zu einer eigenen Marke und gründete unter anderem die Tochter Giant Europe in den Niederlanden.

Als Hersteller unterschiedlichster Fahrradtypen fällt Giant immer wieder mit innovativen Designs auf, unter anderem mit dem *Compact Road*-Rennrad mit abfallendem Oberrohr und kleinerem, spitzwinkligerem Rahmendreieck. Dadurch ist das Rad leichter und steifer. Der Bike-Designer Mike Burrows verhalf Giant zu vielen Innovationen wie dem *TCR Composite*-Rennrad, dem *Halfway*-Faltrad und dem *MCR Monocoque*-Zeitfahrrad.

▼ Das *Halfway*-Faltrad von Giant

Specialized

Die 1974 von Mike Sinyard gegründete kalifornische Marke zählt heute zu den Marktführern. Sinyard importierte damals Campagnolo- und Cinelli-Komponenten und besuchte die Händler rund um San Francisco immer persönlich mit seinem Anhängerrad. Später importierte er Rahmen und Komponenten aus Japan, noch später Kompletträder, Einzelteile, Zubehör und Kleidung aus Taiwan und China. Sinyard nutzt angeblich jede Mittagspause, um mit seinen Mitarbeitern Ausfahrten zu machen.

Specialized hat mit dem von Tom Ritchey entworfenen *Stumpjumper* das erste seriengefertigte Mountainbike auf den Markt gebracht. Der *Stumpjumper* wird ebenso wie das *Allez*-Rennrad, eines der ersten Rennradmodelle aus dem Hause Specialized, auch heute noch gefertigt. Die Produktion von Citybikes, die *Globe*-Linie, wurde wieder eingestellt, dafür schlug die *S-Works*-Serie ein wie eine Bombe, dazu gehören das Damenrad *Amira*, das Herrenrad *Tarmac*, das Rennrad *Roubaix*, das Zeitfahrrad *Shiv* und das gemeinsam mit dem Autorennstall McLaren entworfene Sprintmodell *Venge*.

Specialized sponsert Rennteams und Fahrer verschiedener Radsportdisziplinen, vom berühmten Mountainbiker Ned Overend bis hin zum Tour-de-France-Gewinner Alberto Contador. Warum Specialized nach wie vor tonangebend ist, erklärt unter anderem das Firmenmotto: »Innovate or die«.

Trek

Trek besticht allein durch seinen suggestiven
Firmennamen, doch Trek ist viel mehr. Das US-Unter-
nehmen vertreibt die Marken Bontrager, Diamant,
Electra, Gary Fisher, LeMond, Klein und Villiger. Die
1976 von Richard Burke und Bevil Hogg in Waterloo,
Wisconsin, gegründete Firma fertigte zunächst hochwertige Stahlrahmen, später auch Kompletträder, die
ohne Weiteres mit der Konkurrenz aus Japan und
Italien mithalten konnten. In den 1980er-Jahren
wurde das Programm kontinuierlich ausgebaut.
Stützpfeiler im Programm waren das *Trek 2000* mit
Aluminiumrahmen, das *Trek 2500* mit Carbonrahmen
und die Einsteigermodelle der *Jazz*-Reihe. Zusätzlich
wurde die Trek Components Group (TCG) gegründet
sowie die Marke Trek Wear, die Niederlassungen in
Großbritannien und Deutschland besitzt.

Neben den seriengefertigten Hybrid-Modellen
investierte Trek auch in Monocoque-Carbonrahmen.
Das Ergebnis ist die Serie *Optimum Compaction Low
Void* mit den Modellen *5500* und *5200* beziehungsweise den aktuellen Modellen *Madone*, *Domane* und
Émonda. Die vollgefederten *Y*-Modelle und das
Y-Foil-Zeitfahrrad kommen komplett ohne Sitzrohr
aus. Nicht minder innovativ waren die Einrichtung
einer Advanced Concepts Group (ACG) zur Entwicklung technischer Neuerungen, die speziell für Frauen
entworfenen WSD-Bikes (Women's Specific Design)
und das Project One zur individuellen Anpassung
von Komponenten und Rahmenfarbe.

◀ Das Rennrad
Madone 2.1 H2 Compact von Trek

Alle großen Unternehmen erleben gute und schlechte Zeiten. Trek profitierte vom Lance-Armstrong-Effekt, denn viele ließen sich vom Mythos des willensstarken Mannes anstecken, der nach dem Kampf gegen den Krebs auch mehrmals die Tour de France gewonnen hatte und zwar auf einem Trek-Rad. Als US-Tour-Champion Greg LeMond Doping-Vorwürfe gegen Armstrong erhob, schlug sich Trek konsequent auf die Seite des Beschuldigten und ließ die Marke LeMond fallen, bis Armstrong des Dopings überführt wurde.

Die Traditionsmarken

Einige der großen Hersteller existieren bereits seit dem 19. Jahrhundert. Dank ihrer Expansion im 20. Jahrhundert erlebten sie auch die Jahrtausendwende. Manche behaupten, eine traditionelle Marke verliere ihre Seele, wenn die Gründer sterben, die Firma verkauft oder die Produktion ausgelagert wird und Räder am Fließband entstehen. Das bedeutet aber nicht automatisch das Ende. Manche alten Marken wurden wieder zum Leben erweckt, etwa von Idealisten, die sich auf die traditionellen Werte zurückbesannen und um originalgetreue Nachbauten der klassischen Modelle bemüht waren. Ihnen verdanken die alten Marken ihr Überleben.

▼ Titelblatt eines Katalogs für Raleigh-Fahrräder von 1898

Bianchi
WWW.BIANCHI.COM

Bianchi ist der älteste noch existierende Fahrradhersteller der Welt. Der 21-jährige Edoardo Bianchi
gründete seine Firma 1885 in der Via Nirone 7 in
Mailand, als Sicherheitsniederräder die Hochräder
ablösten. Bianchi verbaute als Erster in Italien
Dunlop-Reifen. Er brachte Königin Margherita auf
dem Gelände ihrer Villa in Monza das Radfahren
bei – auf einem Bianchi-Rad mit kristallbesetztem
Kettenschutz. Dank zunehmender Automatisierung
produzierte das stetig wachsende Unternehmen nach
der Jahrhundertwende nicht nur Fahrräder, sondern
auch Motorräder einschließlich Rennmaschinen
sowie Luxuslimousinen, Lastwagen und Busse.

Heute fertigt Bianchi Renn-, Cross-, und Zeitfahrräder sowie Mountainbikes, Fixies, Trekkingräder
und Retromodelle wie die *Dama-Bianca*-Damenrad-
reihe und das Sondermodell *L'Eroica*. Bianchi ist für
die charakteristische Rahmenfarbe seiner Produkte
bekannt. Bei dem unter dem Namen Celeste bekann-
ten Farbton handelt es sich um ein helles Mintgrün –
vielleicht die Farbe des Himmels über Mailand? Oder
wurde hier übrig gebliebenes Grün aus der Zeit, als
man noch Räder für das Militär herstellte, ins Blau
gemischt? Der Farbton Celeste bleibt in der Regel den
High-End-Modellen vorbehalten und hat sich im
Laufe der Zeit leicht verändert. Mit Bianchi verbindet
man viele Größen aus der Geschichte des Rad-
rennsports: von Costante Girardengo über Fausto
Coppi und Felice Gimondi bis hin zu Marco Pantani.

Cinelli

WWW.CINELLI.IT

Cinelli zählt zu den Großen in der Branche. Gegründet wurde die Firma 1948 von Cino Cinelli nach Beendigung seiner Profikarriere, weil er von den technischen Mängeln seiner Ausrüstung frustriert war. Er hatte vor dem Zweiten Weltkrieg für das Bianchi- und das Fréjus-Team den Giro di Lombardia und das Rennen Mailand–San Remo gewonnen. Sein Bruder Giotto fertigte Fahrradlenker und Vorbauten in Florenz. Cino zog mit der Firma nach Mailand um, damals Zentrum der italienischen Fahrradindustrie.

Einige von Cinellis Innovationen waren bahnbrechend, wie etwa die Bivalent-Nabe, die am Vorder- und Hinterrad verbaut werden konnte, und die M71-Klickpedale, bei denen der Schuh allerdings noch mit der Hand gelöst werden musste. Kultstatus

▼ *Laser Mia* von Cinelli

hat das *Supercorsa*-Rennradmodell mit Columbus-Rahmen, unter anderem wegen des Gabelkopfes mit den abfallenden Schultern und der zwischen den Sitzstreben befindlichen Sattelklemmung.

1978 übernahm Antonio Colombo, Besitzer des Rahmenherstellers Columbus, die Firma. 1997 wurde Cinelli eine Tochtergesellschaft der Gruppo S.p.A. Seither kombiniert die Marke stilvolles Design und Sinn für Ästhetik in klassischen, innovativen und ausgefallenen Designs, wie das *Laser*-Modell, der Mario-Cipollini-Vorbau mit Playboy-Motiv, die von der UCI verbotenen Spinaci-Lenkerhörnchen und der BMX-Rahmen CMX belegen.

Gazelle
WWW.GAZELLEBIKES.COM

Der niederländische Hersteller Koninklijke Gazelle ist für seine klassischen Hollandräder bekannt. Die 1892 als Zweimannbetrieb von Willem Kölling und Rudolf Arentsen in Dieren gegründete Firma brachte 1902 ihre ersten Fahrräder auf den Markt. Einer der bedeutendsten Absatzmärkte war die Kolonie Niederländisch-Indien. In einer eigens eröffneten Rennradwerkstatt entstanden seit den 1960er-Jahren Leichtbaufahrräder für die gesponserten Radrennteams in Handarbeit.

Nach 62 Jahren und einer Million verkauften Fahrrädern wurde Gazelle in eine Aktiengesellschaft umgewandelt. Bis zur zweiten Million dauerte es nur zwölf Jahre. 1999 legte Prinz Willem-Alexander persönlich letzte Hand an das zehnmillionste Fahrrad. Das Prädikat »Königlich« erhielt das Unternehmen zu Ehren seines hundertjährigen Bestehens 1992. Heute werden am Standort Dieren von 450 Mitarbeitern jährlich 350 000 Fahrräder produziert.

Das Hollandrad-Modell *Tour Populair*, erhältlich als *omafiets* (Damenrad) und *opafiets* (Herrenrad), bietet allen erdenklichen Komfort für den Stadtverkehr: Stangen- oder Trommelbremse, Schutzbleche mit Schmutzfänger, Hinterrad-Seitenverkleidung, Vollkettenschutz, Gepäckträger und eine dynamobetriebene Lichtanlage.

Pashley
WWW.PASHLEY.CO.UK

Der bekannte Hersteller hochwertiger Holland-, Lasten- und Lieferdreiräder wurde 1926 von William Rathbone Pashley in Birmingham gegründet. Mitte der 1930er-Jahre zog W. R. Pashley Ltd. nach Aston um, wo bis auf Rahmen und Reifen noch heute komplett in Eigenfertigung produziert wird. William ging in den 1960er-Jahren in Ruhestand. Unter der Leitung seines Sohnes Dick zog die Firma an einen neuen Standort in der Masons Road in Stratford-upon-Avon. Heute hat Pashley rund 160 Modelle im Programm.

Pashley ist einer der wenigen Hersteller, die komplett ausgestattete Hollandräder mit verlötetem Rahmen – das Modell *Princess Sovereign* – noch von Hand bauen. Aus dem Hause Pashley kommen auch die Fahrräder der britischen Post *Royal Mail*, das für Moulton in Lizenz gefertigte *All Purpose Bike* (APB), die für Rover in Lizenz gebauten Mountainbikes, das *Picador*-Einkaufsdreirad und das *Classic No. 33*-Eisverkäufer-Dreirad. In den Retromodellen *Guv'nor* und *Clubman* kam der alte Reynolds-531-Rahmen wieder zu Ehren.

▲ Die französische Kosmetikmarke L'Occitane präsentiert stolz eines der legendären Pashley-*Delibikes* vor einem ihrer Geschäfte.

Raleigh
WWW.RALEIGH.CO.UK

Der Hersteller mit dem Reiher im Logo verkauft
seine Fahrräder in mehr Ländern als die Konkurrenz.
Die Erfolgsgeschichte begann 1886 in der Werkstatt
der Fahrradbauer Woodhead, Angois und Ellis in der
Raleigh Street in Nottingham mit drei Sicherheits-
niederrädern pro Woche. Eines davon kaufte der
Rechtsanwalt Frank Bowden, der 1888 das Geschäft
übernahm und die Raleigh Cycle Company gründete.
Bereits 1896 war Raleigh mit 850 Arbeitern und
30 000 produzierten Fahrrädern pro Jahr die größte
Fahrradfabrik der Welt.

1960 wurde Raleigh seinerseits von der Tube
Investments Group übernommen, deren Tochter-
gesellschaft British Cycle Corporation die Marken
Phillips Cycles, Hercules Cycles, Rudge-Whitworth
und Carlton Cycles gehörten, und in TI-Raleigh
umbenannt. Es folgte eine Reihe von Abspaltungen,
Fusionen, Übernahmen, Werkschließungen und
Eigentümerwechseln.

Neben klassischen Holland- und Sporträdern wie
dem *DL-1* und dem *Record Road Ace* (1939) zeichneten
sich Raleigh-Fahrräder vor allem durch kleine
Laufraddurchmesser aus, beispielsweise beim *RSW*,
Twenty und *Chopper* (1969). Zu den High-End-Renn-
rädern aus dem Hause Raleigh zählen die Modelle
Professional, *Competition* und *International* mit
Reynolds-531-Rahmen.

Schwinn
WWW.SCHWINN.COM

Die bekannte US-Firma wurde 1895 vom
deutschen Auswanderer und Fahrradkonstruk-
teur Ignaz Schwinn gegründet. Er produzierte
damals zahllose bahnbrechende Modelle, die
heute wertvolle Sammlerstücke sind. Infolge
rückläufiger Marktanteile, eines untätigen
Managements, steigender Kosten und
zunehmenden Wettbewerbs musste das
Unternehmen 1992 Konkurs anmelden, der
Betrieb wurde aber unter wechselnden
Eigentümern aufrechterhalten.

Zu den Schwinn-Klassikern zählen die
Bahnrad-, Rennrad-, Tourenrad- und
Tandem-Modelle aus der *Paramount*-Reihe
der späten 1930er- bis 70er-Jahre. Es folgten
der Ballonreifen-Cruiser *Black Phantom* mit
verchromten Schutzblechen und 1963 das
kultige *Sting-Ray* mit Hirschgeweih-Lenker
und Bananensattel. Daraus entwickelten sich
die Modelle *Apple Krate*, *Orange Krate*, *Lemon
Peeler* etc. mit Vollfederung, Kettenschaltung
und Felgenbremsen. Inzwischen scheint die
Firma wieder zu alter Form zurückzufinden,
auch wenn sie im internationalen Hersteller-
ranking nur im Mittelfeld zu finden ist.
Das aktuelle Programm umfasst die
Citybikes *Coffee* und *Cream*, ein Tandem
und das Dreirad *Town & Country*.

Velodrome

Velodrome sind das Mekka des Radsports. Hier treffen sich die Halbgötter auf zwei Rädern und ihre Anhänger zu Sportevents der Extraklasse mit Spitzenleistungen, die auf die Tausendstelsekunde genau gestoppt werden. Es hat schon etwas Puristisch-Erhabenes, im eleganten Oval eines Velodroms auf einem Eingang-Starrnabenrad seine Runden zu drehen.

Velodrome sind entweder Stadien oder Hallen mit Bahnen aus Holz, Asphalt oder Beton. Manche Fahrbahnen können nach der Veranstaltung wieder abgebaut werden. Die meisten haben eine Rundenlänge von 150 bis 400 Metern, gemessen an der schwarzen Linie am inneren Bahnrand. Olympische Radrennbahnen sind 250 Meter lang, Standardbahnen in der Regel 333 Meter. Radrennbahnen werden von der UCI je nach Ausstattung und Zustand der Bahn in fünf Kategorien eingeteilt.

Der 20 Zentimeter links von der Messlinie liegende Teil der Bahn heißt wegen seiner hellblauen Farbe »Côte d'Azur«. Er bildet den Übergang zum flachen Innenraum, wo die Fahrer das Oval betreten und verlassen. Da immer wieder Fahrer versuchen, links von der Messlinie zu fahren, um abzukürzen, werden bei Meisterschaftsrennen in den Kurven Kunststoffschwämme links von der Messlinie auf die Bahn gelegt, um diesen Bahnteil zu sperren.

70 Zentimeter rechts von der Messlinie befindet sich die rote Sprinterlinie. Fährt ein Fahrer unterhalb dieser Linie, darf er im Sprint nicht innen überholt werden.

Weitere Markierungen sind die aus Steherrennen bekannte blaue Linie, die in rund 2,50 Meter Entfernung vom inneren Bahnrand aufgebracht ist, und die Ziellinie, eine 72 Zentimeter breite weiße Markierung quer über die Fahrbahn mit einem mittigen, vier Zentimeter breiten schwarzen Strich.

Das Dunhill-Velodrome überraschte bei der Fahrradkurier-Weltmeisterschaft 1995 in Toronto mit einer Bahn in Form einer Acht. Das ähnlich radikale, superkurze und steile Bahndesign der Red Bull Mini Dromes mit knapp 25 Metern Länge war in Tokio, London, Vancouver, Paris und New York zu sehen.

Rennräder

Viele Fahrrad- und Rahmenbauer präsentieren und testen ihre Flaggschiffe vorzugsweise bei den großen Radrennen, denn ein Triumph in der Tour de France oder bei einer Weltmeisterschaft steigert das Image beträchtlich.

Im Straßen- und Bahnradsport haben sich in den 1960er- und 70er-Jahren fünf Italiener einen Namen gemacht: Cino Cinelli, Ernesto Colnago, Faliero Masi, Sante Pogliaghi und Ugo De Rosa. Alle haben mit ihren High-End-Modellen maßgeblich zur Weiterentwicklung der Technik beigetragen.

Das gilt auch für ihre vielen kompetenten Lands-
leute und Kollegen: Mario Confente, Alfredo Gios,
Giovanni Pelizzoli (CIÖCC), Mario Rossin, Tiziano
Zullo, Yoshi Konno (3Rensho) und Yoshiaki Naga-
sawa.

Auch aus den Benelux-Ländern, aus Großbritannien,
Frankreich, Japan und Nordamerika wären noch
mindestens fünf Hersteller zu nennen, deren
Leistungen und Können sehr dazu beigetragen
haben, die Messlatte im Radrennsport in den
1970er- und 80er-Jahren höher zu legen.

Cannondale

Die nach dem Bahnhof Cannondale der Metro-North
Railroad benannte US-Firma wurde 1971 in Wilton,
Connecticut als Hersteller von Fahrradrucksäcken
und -taschen gegründet. 1983 stieg man mit einem
XL-Alurahmen mit nahtlos gezogenen dünnwandigen
Rohren und Stahlgabel in die Tourenradproduktion
ein. Später kamen Renn- und Bahnräder sowie
Mountainbikes hinzu.

Cannondale zeichnet sich durch innovatives, an-
spruchsvolles Design aus. Das gilt z. B. für die
CAAD-Rennrad- und MTB-Rahmenserie (Cannondale
Advanced Aluminium Design), die *Headshok*-Feder-
gabel mit Nadellagern, die einzigartige *Lefty Fork*, eine
einarmige, mit Scheibenbremsaufnahme ausgestattete Gabel, die beim Schlauchwechsel keinen Rad-
ausbau benötigt und das Risiko von Schmutzstauun-
gen am Vorderrad minimiert, und für das BB30-Innen-
lager mit *Hollowgram*-Kurbelsatz, das zugleich steif
und leicht ist.

Keine gute Idee war dagegen der Einstieg in den
Motorsport mit einer Reihe von Motocross- und
Gelände-Maschinen, die angesichts der hohen
Herstellungskosten kaum Abnehmer fanden.
2003 wurde die Fahrradsparte von Pegasus Capital
Advisors übernommen. Seit 2008 ist Cannondale
eine Tochtergesellschaft von Dorel Industries und
lässt in Taiwan fertigen.

Pinarello

WWW.PINARELLO.COM

Cicli Pinarello S.p.A. wurde 1952 in Treviso von Giovanni »Nani« Pinarello gegründet, kurz nach dem Gewinn der ungeliebten Maglia Nera (des Schwarzen Trikots) für den letzten Platz im 24. Giro d'Italia und seiner Ehrenrunde mit den Siegern Fiorenzo Magni und Louison Bobet im Mailänder Velodromo Vigorelli.

▲ Das Pinarello-Rennrad von Sir Bradley Wiggins vom Team SKY am Start der zweiten Etappe zur *Volta a Catalunya*

Die Firma des Exprofis baute vorwiegend Fahrräder für Straßenrennen und Bahnradsport, in der Regel mit Columbus-Rahmen und zugekauften Komponenten, in die der Pinarello-Schriftzug oder das Logo graviert wurden. Bekannt ist das *Montello SLX* aus den 1980er-Jahren. Nach dem Eintritt von Giovannis Sohn Fausto in das Unternehmen wurden neue Rahmenwerkstoffe wie Magnesium-Aluminiumlegierungen und Carbon eingeführt. Innovativ waren auch die Zeitfahrräder der 1990er-Jahre, allen voran die Modelle *Espada* und *Parigina*. Typisch für Pinarello-Rennräder waren die S-förmig gekrümmte *Onda*-Gabel, die wellenförmigen Sitzstreben, asymmetrische Rahmen und Kettenstreben. So sind etwa bei der *Dogma*-Modellreihe zur Erhöhung der Steifigkeit und zum Ausgleich der einseitigen Krafteinleitung durch die Kette die Streben und die Gabelscheide auf der Kettenseite stärker ausgelegt als auf der anderen Seite. Pinarellos bleibende Leistung ist wohl das Zeitfahrrad *Bolide*, bei dem die Bremsen in die Gabel und Kettenstreben integriert sind. Mit elf Siegen seit 1988 ist Pinarello aktuell der erfolgreichste Fahrradhersteller bei der Tour de France.

Colnago
WWW.COLNAGO.COM

Mit 13 arbeitete Ernesto Colnago als Lehrling für Gloria. 1952 gründete er seine eigene Firma und baute selbst Rahmen. Er arbeitete als Mechaniker für den Radprofi Faliero Masi. 1963 wurde er Chefmechaniker im Molteni-Team. Ein Sieg im Rennen Mailand—San Remo inspirierte Colnago zu seinem berühmten Logo, dem *Asso di Fiori* (Kreuz-Ass). Als der große Eddy Merckx zu Molteni stieß, machte das auch Colnago berühmt.

Die Firma baute Rahmen wie den *Oval CX* und den *Master Piu* mit Gilco-Rohrsatz, den *Bititan*-Rahmen mit zwei Unterrohren. Der erste Mono-coque-Carbon-Rahmen wurde 1981 für einen Bahnradprototypen mit Scheibenbremse gebaut. Die Entstehung der *Precisa*-Stahlgabel mit geraden Gabelscheiden (1987) ist der Kooperation mit Ingenieuren des Renn- und Sportwagenherstellers Ferrari zu verdanken.

1994 entstand Colnagos Flaggschiff, der C-40-Rahmen (40 nach der Anzahl der Jahre, die Colnago mittlerweile schon Fahrräder baute), und nicht minder innovativ ging es weiter mit den C-50- und den C-60-Rahmen, die ausschließlich in Italien gefertigt wurden. Seit 2006 importiert der Hersteller jedoch auch preisgünstigere Rahmen für Einsteiger-Modelle aus Taiwan. Colnago behauptet, seine Rahmen zeichneten sich immer noch durch ihr Design aus, gleich, woher sie kämen.

▲ Ein Sieg im Klassiker Mailand–San Remo stand an der Wiege des berühmten Colnago-Logos, dem *Asso di Fiori* oder Kreuz-Ass.

Cervélo

WWW.CERVELO.COM

Cervélo – ein Kunstwort aus *cervello* (ital.: Gehirn) und *vélo* (frz.: Fahrrad) – wurde 1995 von Gérard Vroomen und Phil White in Toronto gegründet. Die Marke steht für vier Arten von Carbon-Rennrädern: die klassische *R*-Serie, die aerodynamische *S*-Serie, die *P*-Zeitfahrradserie und die *T*-Bahnradserie. Hinzu kommen die in Los Angeles von Hand gefertigten *Project-California*-Modelle. Neueste Entwicklungen sind die rechteckig-ovalen Rohrquerschnittsformen und die zukunftsweisende Kabelführung – beides auch mit neuen Komponentensystemen kompatibel.

▼ *R3*-Rennrad von Cervélo

Look Cycle
WWW.LOOKCYCLE.COM

Das französische Unternehmen Look Cycle mit Sitz in Nevers produziert Fahrräder und Komponenten für den Rennbereich. Anfang der 1980er-Jahre brachte es in Anlehnung an die im Haus gefertigten Skibindungen die ersten Klickpedale auf den Markt. In den 1990er-Jahren folgten mit dem *KG 86* der erste Carbonrahmen und mit dem *KG 196* der erste Monocoque-Rahmen. Die Zeitfahr- und Bahnrennräder zeichnen sich durch harmonisches Design und eine gelungene Synthese von Form und Funktion aus. Das neueste *796-Monoblade*-Modell besticht durch integrierte Bremsen und Kabelführung.

Radaufbau als Handwerk

Viele Radsportprofis behaupten, nur ein handwerklich arbeitender Fahrradbauer habe die nötige Kompetenz und den Willen zur Perfektionierung bis ins kleinste Detail. »Maßgeschneidert«, »individuell aufgebaut« oder »custom-fit« hört man immer wieder im Zusammenhang mit handgebauten Fahrrädern. Die Nachfrage steigt. In den USA gab es 2010 weniger als 50 von Hand fertigende Fahrradbauer. 2015 waren es bereits über 200.

Die Ergebnisse der besten Schrauber, Schweißer und Löter sind auf Handmade-Messen zu bewundern, unter anderem auf der North American Handmade Bicycle Show (NAHBS) oder der European Handmade Bicycle Exhibition (EHBE) in Schwäbisch Gmünd.

Viele Rahmenbauer spezialisieren sich auf bestimmte Werkstoffe – Stahl, Edelstahl, Aluminium, Titan, Carbon oder Holz. Sie verfügen über Werkzeugmaschinen, Montageständer, Koordinatentische und arbeiten mit Lötkolben und Schweißstab. Zum Schluss kommt das Rahmenfinish. Rahmen werden entweder lackiert, pulverbeschichtet, verchromt oder vernickelt. Abgerundet wird das Ganze durch grafische Details wie Streifen, Dekors und ein eigenes Steuerkopfschild.

Herse

WWW.RENEHERSE.COM

René Herse spezialisierte sich auf handgefertigte Porteur-, Touren-, Randonneur- und Rennräder. Dank seiner Erfahrungen mit dem Flugzeugbau stellte er zunächst Leichtbau-Komponenten für Fahrräder her, unter anderem Lenkervorbauten, Tretkurbeln, Pedale und Bremsen. Seine ersten Rahmen baute er um 1940. Mit seinen komplett im eigenen Werk gefertigten Fahrrädern wurde Herse zu einem der führenden französischen »constructeurs«.

Dank der Erfolge seiner Fahrräder bei den anspruchsvollen Brevet- und Randonnée-Rennen wurde Herse weltweit berühmt und kopiert. Nach seinem Tod übernahmen 1976 seine Tochter Lily, französische Meisterin im Straßenrennen, und sein Schwiegersohn Jean Desbois die Leitung der Firma. Die Produktion

▼ Randonneuse 42/75 von René Herse, von Jim Langley neu aufgebaut

musste jedoch in den 1980er-Jahren eingestellt werden. Um 2007 verkaufte die Familie die Rechte und das verbliebene Material an Michael Kone in Boulder, Colorado (USA). Im nahe gelegenen Longmont werden heute unter der Leitung von Mark Nobilette Fahrräder nach klassischem Vorbild gebaut. Die dazugehörigen Komponenten werden von Compass Bicycles (Seattle, Washington) in Lizenz gefertigt. Die Marke René Herse lebt also weiter.

Dario Pegoretti
WWW.DARIO-PEGORETTI.COM

Der italienische Rahmenbauer Dario Pegoretti ist vor allem für sein künstlerisches Rahmenfinish bekannt. Pegoretti-Rahmen werden aufwendig mit den unterschiedlichsten Farbdesigns und Grafiken von Hand lackiert. Pegoretti fertigt primär für Sport- und Rennräder. Aufgrund des hohen Sammlerwerts werden seine Fahrräder in Zukunft wohl als Kunstwerke an der Wand hängen. Über 30 000 Stahl- und Aluminiumrahmen hat der bei seinem Schwiegervater Luigino Milani in die Lehre gegangene Handwerker in seiner 40-jährigen Karriere ausgeliefert, unter anderem für Radprofis wie Miguel Indurain, Marco Pantani und Floyd Landis. Auch der Schauspieler Robin Williams schätzte seine Rahmen. Pegoretti war Vorreiter auf dem Gebiet der WIG-geschweißten muffenlosen Rahmen und produzierte auch spezielle Rohrsätze in Zusammenarbeit mit anderen Herstellern, zum Beispiel den PegoRichie-Rahmen zusammen mit Richard Sachs.

Coast Cycles

WWW.JOHNNYCOAST.COM

Das Schweißen hatte Johnny Coast bereits vor seinem zehnten Lebensjahr in der Tuning-Werkstatt seines Vaters in Colorado gelernt. Als Jugendlicher baute er Tallbikes, Chopper und Rennräder. Nach dem Besuch des United Bicycle Institute in Oregon und der Rahmenbauerschule von Koichi Yamaguchi in Colorado gründete Coast 2004 seine eigene Werkstatt. Sein »Hühnerstall«, wie er sie nannte, lag am Ende einer Sackgasse in Bushwick, Brooklyn, New York.

Coasts Motto lautet »ästhetisch, klassisch, authentisch«. Er arbeitet mit den gleichen Verfahren wie Generationen großer Rahmenbauer vor ihm. Seine handgefertigten, mit Silber verlöteten Rahmen halten ein Leben lang. In jedem Rahmen steckt Coasts handwerkliches Können, denn er setzt jedes einzelne Stück höchstpersönlich zusammen. Charakteristisch für ihn sind die sogenannten Bi-Laminate (muffenlos gelötete Rohrenden, die durch Überstülpen und Verlöten einer Hülse wie gemufft aussehen).

Coast Cycles führt sechs verschiedene Rahmenmodelle in seinem Programm: City-, Hybrid- und Randonneur-Rahmen sowie Rahmen für Renn-, Touren- und Bahnräder. Individuell gefertigte Vorbauten, Gepäckträger und Taschenhalter runden das Sortiment ab. Die Rahmen werden aus Rohrsätzen von Columbus, True Temper, Deda und Reynolds gefertigt.

Brompton
WWW.BROMPTON.COM

Falträder von Brompton zählen zu den beliebtesten in diesem Marktsegment. Sie sind praktisch, leicht klappbar, kompakt, und es gibt jede Menge Zubehör. Alle Modelle haben einen gebogenen, handgefertigten Stahlrahmen mit Gelenk nahe dem Lenkkopf, 16-Zoll-Laufräder, eine Teleskop-Sattelstütze sowie einen umklappbaren Hinter- und Vorderbau.

Das Brompton-Faltrad wurde 1975 von Andrew Ritchie in seiner Wohnung mit Blick auf das Brompton Oratory in South Kensington, London, entworfen und 1977 zum Patent angemeldet. 1981 kamen die

▼ Ein Brompton lässt sich zu einer tragbaren und praktischen Größe zusammenfalten und kann dann einfach getragen und im öffentlichen Nahverkehr transportiert werden.

ersten Exemplare in niedriger Stückzahl auf den Markt. Erst 1988 hatte Ritchie genug Geld, um nach Brentwood umzuziehen und zu expandieren.

Ein Brompton-Faltrad ist individuell konfigurierbar. Man hat die Wahl zwischen Standardrahmen und Superlight-Rahmen (Titan), diversen Rahmen- und Komponentenfarben, vier Lenkerformen, 1-, 3- oder 6-Gang-Schaltung, drei verschiedenen Reifenarten, unterschiedlich hohen Sattelstützen, harter oder weicher Federung, angeschraubten Schutz- oder Steckblechen sowie batterie- oder dynamobetriebener LED-Beleuchtung. Wahlweise erhältlich sind außerdem Gepäckträger, Taschen für unterschiedliche Zwecke und die Brompton-*Easy Wheels*.

Richtiges Schalten:
Kettenblätter & Ritzel

Die Übersetzung für jeden einzelnen Gang sollte sich eigentlich anhand von Faktoren wie Trittfrequenz, Geschwindigkeit, Steigung und Radumfang leicht berechnen lassen. In der Praxis gibt es jedoch Schwierigkeiten beim Vergleich zwischen Angaben in Zoll und in metrischen Einheiten. Erschwerend kommt hinzu, dass Größenangaben bei Reifen eben keine akkuraten Werte sind.

Am einfachsten lässt sich ein Übersetzungsverhältnis für Fahrräder mit Kettenschaltung mithilfe der **Zähne an Kettenblatt und Ritzel** angeben. Ein Fahrrad mit einem 45-Zähne-Kettenblatt und einem 18-Zähne-Ritzel hat eine Übersetzung von 45 × 18.

Die **Übersetzung** gibt außerdem an, wie viele Tretkurbelumdrehungen für eine Antriebsradumdrehung nötig sind. Dividiert man die Anzahl der Kettenblattzähne durch die Anzahl der Ritzelzähne, erhält man das Übersetzungsverhältnis. Ein 45er-Kettenblatt und ein 18er-Ritzel haben somit eine Übersetzung von 2,50.

Die **Entfaltung** (Ablauflänge) ist jene Strecke, die ein Fahrrad durch eine Umdrehung der Tretkurbel zurücklegt. Berechnet wird sie, indem man den Abrollumfang des Rades mit der Übersetzung multipliziert. Ein Fahrrad mit 700c-Reifen (Abrollumfang 2,125 Meter), 45er-Kettenblatt und 18er-Ritzel hat demnach eine Entfaltung von 2,125 × 2,50 = 5,31 Meter.

Das **Vortriebsverhältnis** ist ein neuer Ansatz unabhängig von Messeinheiten. Man dividiert den Laufradradius durch Kurbellänge und multipliziert mit Übersetzung. Dieses Verhältnis macht Fahrräder mit unterschiedlichen Laufradgrößen und Tretkurbellängen miteinander vergleichbar. So weist beispielsweise ein Rennrad mit 700c-Reifen (340 mm Radius), 170-mm-Tretkurbeln bei Verwendung eines 45er-Kettenblattes und eines 18er-Ritzels ein Vortriebsverhältnis von 5,00 auf.

Ritzel- oder **Übersetzungsrechner** erweisen sich als äußerst praktisch, wenn es um die Ermittlung der Übersetzung sowie der Entfaltung für jede mögliche Kettenblatt-Ritzel-Kombination geht. Zusätzlich muss natürlich der Reifenumfang angegeben werden. Übersetzungstabellen (mit dem Kettenblatt in einer Spalte und jedem Ritzel in einer weiteren Spalte) wurden früher mit transparentem Klebeband auf Vorbau oder Oberrohr geklebt. Heute stehen Ritzelrechner als App auf dem Smartphone oder Fahrradcomputer zur Verfügung.

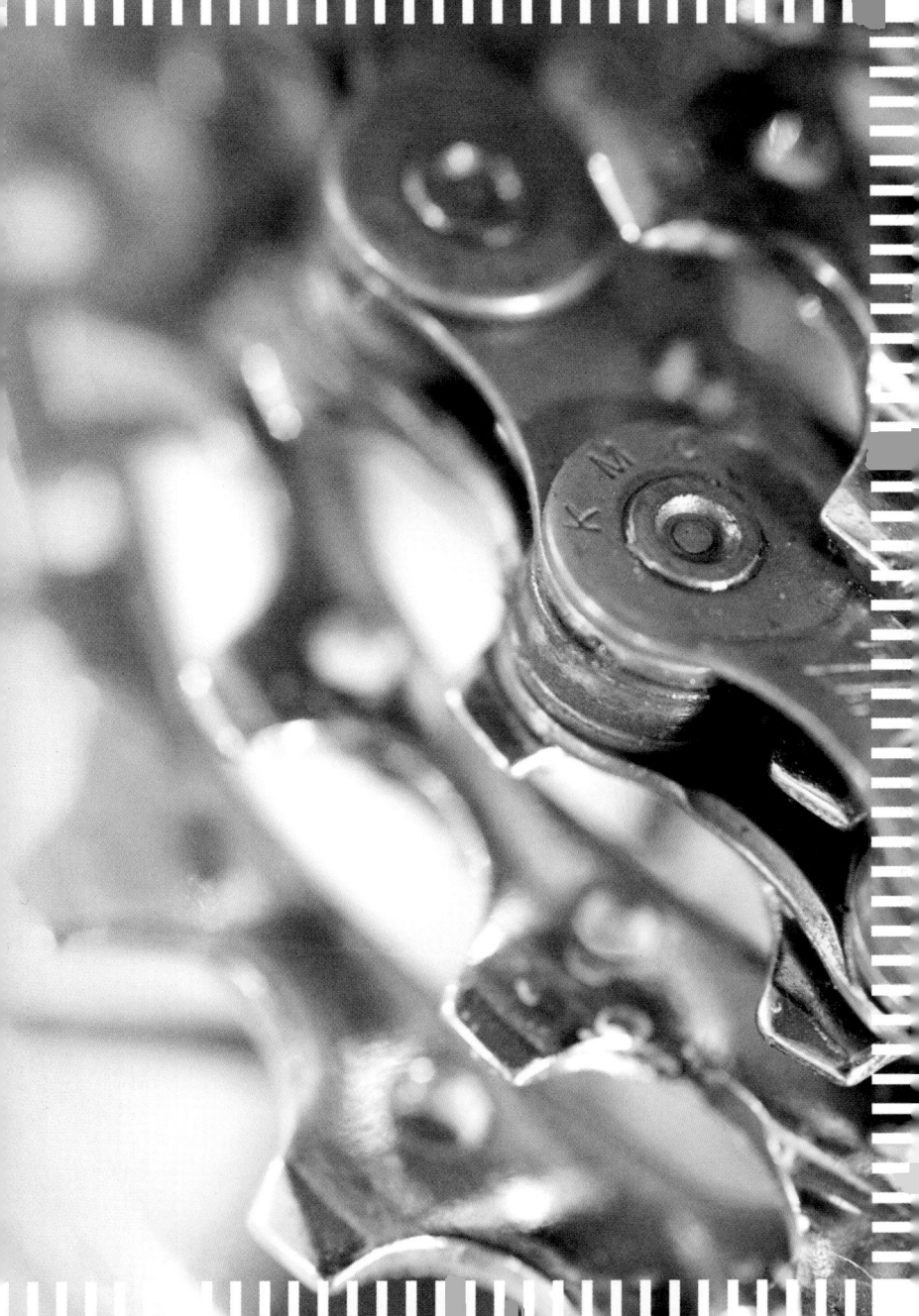

Komponentenhersteller

Ein Fahrrad ist die Summe seiner Teile – selbst die hochwertigsten Rahmen können noch von einigen zusätzlichen Anbauten profitieren. Handgenähte Sättel oder maßgefertigte Kettensätze sind nur zwei Möglichkeiten, die die Branche für den bereithält, der ihre handwerkliche Kunst zu schätzen weiß.

Brooks England

WWW.BROOKSENGLAND.COM

Brooks England ist ein Ledersattelhersteller alter Schule, was sowohl die Fertigung als auch das Design angeht. Brooks-Sättel sind dank ihrer zeitlosen klassischen Gestaltung auch nach über einem Jahrhundert nicht aus der Mode gekommen.

JB Brooks & Co. wurde 1866 von John Boultbee Brooks in Birmingham gegründet und stellte ursprünglich Pferdegeschirre und Lederwaren her. Nach dem Tod seines Pferdes 1878 stieg Brooks aufs Fahrrad um und empfand den Stahlsattel als zu hart, sodass er beschloss, einen Sattel aus Leder zu fertigen. Diesen ließ er 1882 patentieren. 1890 kam der *Climax*-Sattel auf den Markt, dazu Satteltaschen und anderes Lederzubehör für Radfahrer. In den 1950er-Jahren investierte die Firma in Spezialmaschinen, die auch heute noch verwendet werden. Nach der Übernahme durch Raleigh 1960 zog die Firma nach Smethwick um. 2002 wurde sie vom italienischen Unternehmen Selle Royal aufgekauft.

Das Entstehungsjahr des noch immer gefertigten und wegen seines Komforts beliebten *B17*-Modells ist nicht bekannt – es kam zwischen 1879 und 1898 auf den Markt. Ursprünglich 21,5 Zentimeter breit, misst es in der heutigen Version nur noch 17 Zentimeter.

▼ Ein Klassiker: Ledersattel von Brooks

Campagnolo

WWW.CAMPAGNOLO.COM

Campagnolo, einer der ganz Großen in der Branche, produziert seit über 80 Jahren hochwertige Fahrradkomponenten. Im Zuge der industriellen Expansion in den 1960er-Jahren baute das Unternehmen auch Sportwagenräder, Motorrollerbremsen und sogar ein Satellitenchassis, besann sich dann aber doch wieder auf seine Ursprünge.

▼ Ein Vintage-Kettensatz von Campagnolo mit vergoldeter *Regina Oro*-Kassette und Kette.

Alles begann im November 1927, als sich Tullio Campagnolo im Anstieg zum Croce d'Aune vom Feld abgesetzt hatte. Es war so kalt, dass er mit seinen eiskalten Fingern zu lange zum Gangwechsel brauchte. Damals musste dafür noch das Hinterrad ausgebaut und umgedreht werden. Das gab den Ansporn zur Entwicklung der 1930 patentierten und ab 1933 produzierten Schnellspannnabe. Im selben Jahr gründete er die

Brevetti Internazionali Campagnolo S.p.A. mit Sitz im Hinterzimmer der väterlichen Eisenwarenhandlung in Vicenza.

Weitere Innovationen waren diverse Umwerfer (die Modelle *Grand Sport*, *Record*, *Nuovo Record* und *Super Record*) und Bremsen (die *Record*-Seitenzugbremse, die *Delta*-Parallelogrammbremse und die *Super-Record*-Doppelgelenkbremse). Obwohl die Campagnolo-Naben und -Tretlager die leichtgängigsten waren, schmierten manche Bahnradfahrer sie mit Öl statt mit Fett, um sie noch gängiger zu machen.

Tullio starb 1983. Im selben Jahr kam zum fünfzigjährigen Bestehen eine neue »Campa«-Schaltgruppe auf den Markt. Tullios Sohn Valentino übernahm die Leitung der Firma. Zu den jüngsten Innovationen zählen die kontinuierlich weiterentwickelten *Ergopower*-Bremshebel, die *Ultra-Torque*-Kurbelgarnitur, die elektronische EPS-Schaltung und die zum achtzigjährigen Bestehen herausgekommene Elffachkassette.

Früher besaß Campagnolo geradezu Kultstatus. Manche behaupteten stolz, ein Fahrrad mit kompletter »Campa«-Ausstattung zu besitzen, was gar nicht möglich war, da Campagnolo nie Rahmen und bis 1992 auch keine Reifen oder Sättel herstellte. »Tutto Campagnolo« galt als das Nonplusultra. Bei der Ausstattung trennte sich der Weizen von der Spreu. Andere Marken wie Zeus, Simplex oder Huret wurden als Campagnolo-Nachahmer bezeichnet, deren Produkte »wie Campa zum halben Preis« funktionierten.

Reynolds

WWW.REYNOLDSTECHNOLOGY.BIZ

Reynolds wurde 1898 in Birmingham unter dem
Namen The Patent Butted Tube Company gegründet
und fertigte anfangs ausschließlich Rohrsätze für
Fahrräder auf der Grundlage eines von Alfred
Milward Reynolds und Thomas Hewitt angemelde-
ten Patents. Die steigende Nachfrage nach Automo-
bilen und Flugzeugen zu Beginn des 20. Jahrhunderts
ließ die Verkaufszahlen steigen. 1928 wurde die in
Hay Hall ansässige Firma in Reynolds Tube Company Ltd. umbenannt. Das damalige Aushängeschild
war ein Rahmen mit hohem Mangan- und geringem
Molybdänanteil mit der Bezeichnung *HM* (kurz
für *Her Majesty*).

Von Mitte der 1930er- bis Ende der 1980er-Jahre war
Reynolds vor allem für seinen *531*-Rahmen bekannt.
Während fünf Jahrzehnten Firmengeschichte lieferte
Reynolds Rohrsätze für rund 20 Millionen Rahmen-
sets. Insgesamt 27 Tour-de-France-Siege wurden auf
Fahrrädern mit Reynolds-Rohren errungen.

Neben einem limitierten *531*er-Rohrsatz hat Reynolds
heute zwei verschiedene Edelstahlrohrsätze, drei
Modelle aus hitzebehandelten, nahtlos gezogenen
Rohren, zwei aus kaltgezogenen Chrom-Molybdän-
rohren sowie Rohrsätze aus zwei verschiedenen
Aluminium- und zwei Titanlegierungen im
Programm.

Shimano

WWW.SHIMANO.COM

Shimano Tekkōjo, gegründet von Shōzaburō Shimano, begann als Hersteller von Angelruten, nahm aber ab 1921 auch Freilaufritzel mit ins Programm. Nach Shōzaburōs Tod 1958 expandierte die Firma unter der Leitung seiner Söhne Shozo, Yoshizo und Keizo vor allem in Europa und Amerika. Shimano prägte die Fahrradindustrie mit Innovationen wie der Freilauf- nabe (bis dato war der Freilauf in das Ritzelpaket integriert), der Indexschaltung (SIS), die präzises Schalten per Daumen und Zeigefinger ermöglichte, den Bremsschalthebeln *Total Integration* (STI) und *Dual Control*, bei denen der Schalthebel in den Bremshebel integriert ist, und dem beliebten *SPD*-Pedalsystem, dessen mit zwei Schrauben am Schuh befestigte Pedalplatten in der Sohle versenkt sind, was das Gehen um einiges sicherer macht.

Im höheren Preissegment angesiedelt sind die *Dura- Ace*-Rennradschaltung, die *XTR*-MTB-Schaltung und die *DXR*-Schaltung für BMX-Räder. Die bequem zu bedienenden *Nexus*- und *Nexave*-Nabenschaltungen werden in der Regel an Citybikes verbaut.

2009 brachte Shimano die elektronische *Dura-Ace-Di2*-Schaltung auf den Markt. Sie funktioniert mit zwei Drucktasten, einem Lithium-Ionen-Akku, Stellmotoren und einer Elfgang-Getriebenabe. Sie kostet und wiegt zwar etwas mehr als die mechanische *Dura-Ace*, macht dafür aber dank kürzerer Hebelwege das Schalten deutlich bequemer.

SRAM

WWW.SRAM.COM

SRAM – der Firmenname ist ein Akronym aus den
Namen der Gründer – wurde 1987 in Chicago
gegründet und durch die *Grip-Shift*-Drehgriffschaltung bekannt. 1990 gewann SRAM eine Klage wegen
unlauteren Wettbewerbs gegen den Konkurrenten
Shimano. Das Unternehmen kaufte diverse andere
Firmen auf, darunter bekannte Marken wie Sachs
(Nabenschaltungen), RockShox (Federgabeln), Avid
(Bremsen), Truvativ (diverse Komponenten), Quarq
(Leistungsmessgeräte) und Zipp (Carbonlaufräder,
Tretkurbeln, Lenker und Vorbauten).

SRAM produziert 18 verschiedene Schaltgruppen für
den Rennrad- und MTB-Bereich. Die hochwertigsten
sind die *Red*-Rennradschaltung sowie die *XX1*- und
XO1-MTB-Schaltungen. Charakteristisch für SRAM-
Schaltungen ist die *Exact Actuation*™-Technologie, die
jedoch nur mit SRAM-Schalthebeln und -Umwerfern
funktioniert.

SRAM-*X1*™-Komponenten, ursprünglich für
Mountainbikes, heute aber auch als *Force1* für
Rennräder erhältlich, umfassen unter anderem ein
Einfachkettenblatt, dessen spezielles Zahnprofil ein
Absringen der Kette verhindert, einen Umwerfer
mit größerem Versatz des oberen Schaltröllchens und
die *MINI CLUSTER*™-10-42-Kassette. Erstaunlich,
dass diese Serie zuerst für die in holprigem Gelände
eingesetzten Mountainbikes entwickelt wurde, denn
um bei Einfachkettenblättern ein Abspringen der

Kette zu verhindern, benötigt man normalerweise spezielle Kettenhalter und -spanner.

Auch im Rennradbereich erweist sich SRAM als innovativ, etwa mit den *DoubleTap*-Schalthebeln, den *Red-Hydro*-Felgen- und Scheibenbremsen und der elektronischen *Red-eTap*-Schaltung mit zwei Akkus (einem in jedem Umwerfer).

▼ SRAM-Brems-hebel an den Griffen eines Rennrads

Pannenhilfe: Flicken, Pannen-schutzeinlage & Dichtmilch

Pannen kann man vorbeugen, indem man vorsichtig fährt, auf den Untergrund (Splitt, Kies, Glassplitter und -scherben sowie Schlaglöcher) und den richtigen Reifendruck achtet, außerdem Felgenband, Pannenschutzeinlage und Reifen mit möglichst dicker Lauffläche sowie am besten durchstichsichere Schläuche verwendet. Ein Quäntchen Glück gehört natürlich trotz allem dazu.

Fahrräder werden immer komplexer und müssen immer mehr mitmachen, die Reparatur ist aber leider nicht einfacher geworden. Die Behebung einer Reifenpanne erfordert den Ausbau des Laufrads, was durch festgefrorene oder durchdrehende Achsmuttern, festgebundene Schnellspanner oder klemmende Steckachsen zum wahren Albtraum werden kann. Ohne Gripzange und Hammer geht oft gar nichts.

Zunächst muss man die Ursache der Panne ermitteln. Es gibt viele mögliche Gründe, meistens jedoch eine einfache Erklärung, denn sehr oft ist eine Glasscherbe, ein Stück Draht oder ein Dorn der Übeltäter. Steckt dieser noch im Mantel, sollte er entfernt werden, bevor er noch größeren Schaden anrichten kann. Falsch eingestellte Bremsschuhe können die Reifenflanke und den Schlauch durchscheuern. Zu einem sogenannten Snakebite, einem Durchschlagen des Reifens, kommt es,

wenn sich bei zu geringem Reifendruck die Felgenhörner durch den Mantel drücken. Auch neue Schläuche gehen gerne kaputt, etwa beim Aufziehen auf Tiefbettfelgen. Problematisch wird es auch, wenn das Felgenband verrutscht und die Speichenlöcher freiliegen.

Da die Schläuche minimal porös sind, verlieren sie täglich ein wenig Luft. Zum Halten eines konstanten Drucks von 100 PSI müssen Schlauchreifen täglich, Drahtreifen einmal wöchentlich aufgepumpt werden. Bei Standardreifen macht sich der Luftverlust nach ein bis zwei Monaten bemerkbar. CO_2 entweicht noch schneller als Luft. Latexschläuche halten nicht so lange dicht, sind dafür aber elastischer und rollen leichter ab als Butylschläuche.

Manche Schläuche lassen sich mit Dichtmilch füllen, die sich bei jeder Radumdrehung im Schlauch verteilt und so auch Durchstiche sofort und effizient abdichtet. Bei Schlauchreifen wechselt man entweder den Schlauch oder das gesamte Rad. Zum Reifenwechsel muss der alte Schlauch von der Felge gelöst und der geflickte oder neue Schlauch wieder aufgeklebt werden.

▶ Ein gut ausgestattetes Reparaturset ist für jeden Radfahrer unerlässlich.

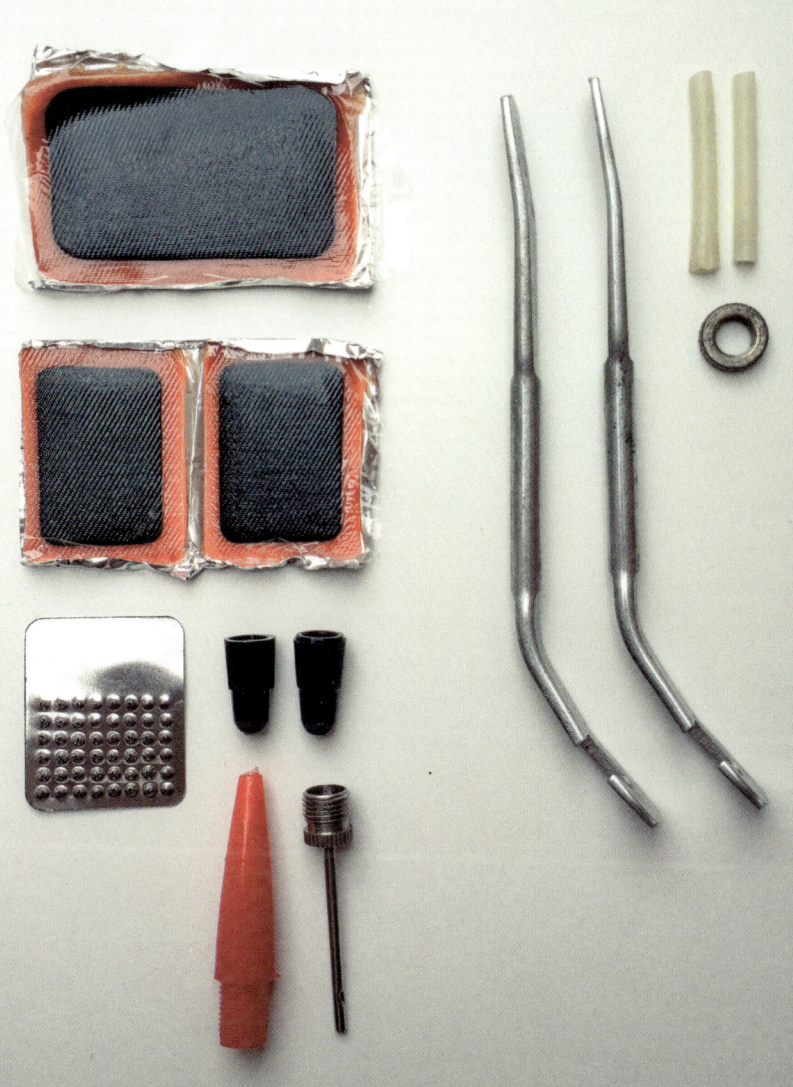

5

DIE WELT AUF ZWEI RÄDERN

Die Welt entdecken

Die Vielfalt auf dem Zweiradmarkt, der Stellenwert des Fahrrads im Alltag, der rege Austausch innerhalb einer enthusiastischen Gemeinschaft, die Bereitschaft, sich auf schweren Touren zu schinden – all das ist Ausdruck unserer heutigen Fahrradkultur. Ihre Anhänger schätzen das Verbindende, die Technik und die Ästhetik des Fahrrads. Diese Gemeinsamkeit kennt keine politischen, geografischen, sprachlichen oder kulturellen Grenzen.

Radfahren ist ein Tourismusfaktor. Millionen von Menschen erkunden die Welt per Fahrrad oder besuchen Radsportveranstaltungen, entweder auf eigener Achse oder auf einem Leihrad. Das Reisen per Fahrrad – mal gemächlich, mal auf Zeit oder im Schuss, in schöner Landschaft und mit Pausen, wo es einem gefällt – schenkt uns unvergessliche Momente.

Gruppen- & Langstreckenfahrten

Länder, Städte, Provinzen und Gemeinden auf allen Kontinenten organisieren Gruppenfahrten auf extra gesperrten Straßen. Diese Events locken oft Zehntausende Teilnehmer an, die von nah und fern zu einem gemeinschaftlichen Radfahrerlebnis vor reizvoller Kulisse anreisen. Gefahren werden üblicherweise 40, 80, 125 oder 200 Kilometer.

Die *Five Boro Bike Tour* führt 67,5 Kilometer lang über die New Yorker Highways und Brücken, aber auch über Nebenstraßen durch Manhattan, Queens, die Bronx, Brooklyn und Staten Island. Als Teilnehmer kann man mit dem Lasten-, Liege-, Ein-, Hoch- oder Zeitfahrrad, Freeride-Bike oder Fixie antreten.

Die jährlich stattfindende *Tour de L'île* im kanadischen Montréal gilt als größtes Radfahr-Event der Welt. Für 30 000 bis 45 000 Teilnehmer gibt es drei Strecken zur Auswahl: eine 28-Kilometer-Runde, eine 50 Kilometer lange und als Krönung die 100-Kilometer-Inselumrundung. Alles begann mit einer Gruppenfahrt am Weltfahrradtag und Bob Silvermans Slogan »Vive la vélorution«. Daraus entstand eine Gruppenfahrt für alle Altersklassen, um bei den Behörden Verständnis für die Anliegen der Fahrradgemeinde zu wecken.

▼ Bei der *Five Boro Bike Tour*, einem jährlichen Event, strampeln mehr als 30 000 Radfahrer 67,5 Kilometer weit über autofreie Straßen durch die fünf Stadtteile von New York City.

RideLondon ist ein seit den Olympischen Spielen 2012 jährlich im Juli veranstaltetes zweitägiges Treffen mit *Cycling Show*, *FreeCycle*-Familienfahrt, 24-Kilometer-*Handcycle Classic*, dem abendlichen *Grand-Prix*-Kriteriumrennen und der *London-Surrey-100* im Vorfeld des offiziellen UCI-Rennens *London Surrey Classic* über eine Distanz von 200 Kilometern.

Bei der alljährlichen *Étape du Tour* dürfen Ambitionierte eine echte Tour-de-France-Etappe fahren. Organisiert wird sie von der ASO, der Veranstalterin der »richtigen« Tour. Die Anmeldung erfolgt über ausgewählte Tourenveranstalter. Meist erwartet die Teilnehmer eine der schwierigen Bergetappen. Das bloße Zuschauen bei den großen Rennen wie der Tour de France oder dem Giro d'Italia ist ein großartiges Erlebnis. Aber selbst eine Etappe zu fahren, entlang der Absperrungen von Zeitfahrstrecken und auf einer von begeisterten Fans gesäumten Passstraße, ist der Höhepunkt im Leben jedes passionierten Radlers.

Bergfreunde kommen bei Veranstaltungen wie *La Marmotte*, *Maratona dles Dolomites*, der Fahrt vom Atlantik über die Pyrenäen zum Mittelmeer und auf der durch die Alpen und Pyrenäen führenden *Haute Route* voll auf ihre Kosten. Außerdem findet jedes Jahr im März in Kapstadt die *Cape Town Cycle Tour* (*Cape Classic*) statt. Und dann wäre da noch die *Tour of the California Alps* (respektvoll *Death Ride* genannt).

Der neueste Trend sind Radmarathons für Hobby-Radsportler, sogenannte Jedermannrennen oder *Gran Fondos*, üblicherweise über 100 bis 225 Kilometer

Distanz, oft auch mit prominenten Teilnehmern, jeder Menge Verpflegungszonen sowie technischer Betreuung. *Gran Fondos* sind eine italienische Tradition, eine Kombination aus sportlicher Herausforderung und Kulturerlebnis. Sie werden in der Regel nach den großen Radsportstars benannt. Das Teilnehmerfeld spaltet sich in mehrere Gruppen: von Touristen bis Profis. Wie bei jedem Radrennen gibt es auch hier Zeitmesschips, Medaillen, Essen und Getränke, Souvenir-Trikots und leider auch Abkürzer und Gedopte. Bei einigen *Gran Fondos* müssen alle Teilnehmer das gleiche Trikot tragen, womit die sonst übliche bunte Trikotvielfalt wegfällt.

Ein weiterer Trend sind Radrundfahrten, zu denen die Teilnehmer in historischer Kleidung auf Vintage-Fahrrädern antreten. Sie finden meist auf lokaler Ebene statt. Die Teilnehmer sind Nostalgiker, die einfach nur Rad fahren, ein schönes Wochenende verbringen, reden, kaufen, verkaufen, angeben und gut essen und trinken wollen.

Die größte Veranstaltung dieser Art ist *L'Eroica* (die »Heldenhafte«). 1997 in der Toskana ins Leben gerufen, soll sie die Tradition des »heldenhaften« Radfahrens bewahren. Dementsprechend findet sie zum Teil auf Kiesstraßen statt. Die ursprüngliche *L'Eroica* von Gaiole hat mittlerweile Ableger in Japan (auf den schwarzen Kiesstraßen am Fuji), in Großbritannien (im Peak District), in Spanien (in der Provinz La Rioja) und in Kalifornien (Paso Robles) entwickelt. Zusätzlich gibt es noch eine *Eroica Primavera*, die südlich von Siena ausgetragen wird.

Clubs & Freundeskreise

In vielen Regionen und Städten gibt es auch Fahrrad-
clubs, Rennteams und Vereine von Fahrradfreunden.
Auf lokaler Ebene wird am meisten für die Radfahrer
getan. Deshalb werden Städte auch nach ihrer »Fahr-
radfreundlichkeit« bewertet. Ganz oben stehen die
Orte mit der besten Infrastruktur, den meisten
Radfahrern und der größten Fahrradakzeptanz.

Ab 1980 entstanden im Zuge der europäischen und
nordamerikanischen Radverkehrskonferenzen immer
mehr Vereine zur Förderung des Radverkehrs auf
lokaler, regionaler, nationaler und internationaler
Ebene. Was 1996 als *Vélo Mondial* in Montreal begann,
2000 in Amsterdam und 2006 in Kapstadt fortgeführt
wurde, mündete schließlich in die jährlich statt-
findenden *Vélo-City*-Konferenzen, auf denen gute
Beispiele für gelungene Radverkehrskonzepte aus-
getauscht werden. Das führte zu einer verbesserten
Infrastruktur, städtischen Programmen zur Förderung des Radverkehrs, Radfahrstreifen und grenz-
überschreitenden Radtourrouten.

▶ Besser nicht nachmachen: Eine vielfach be-schirmte Fahrerin nimmt an der Zweiradparade anlässlich der *Vélo-City*-Kon-ferenz über Radfahren im urbanen Raum 2015 in Nantes teil.

Schnitzeljagden auf dem Fahrrad, Fahrradkurier-
rennen und sogenannte *Critical Mass Rides* sind eine
Aktionsform, mit der mehr Rechte für Radfahrer
eingefordert werden. Wem solche Gruppenfahrten
auf verkehrsreichen Straßen zu stressig sind, der ist
mit Radnächten besser beraten. Diese Gruppenfahrten auf dunklen Straßen vermitteln ein gemeinschaft-
liches Radfahrerlebnis, ohne störenden Verkehr.
Abgesehen davon gibt es auch Themenausfahrten

wie die in vielen Städten organisierten *Tweed Rides*, *Brompton Rides* oder den *Saturday Style Ride* in Zürich. Textilfrei geht es dagegen beim *World Naked Bike Ride* an den Start. Veranstaltungen der etwas anderen Art sind auch Events wie *Demolition Derby*, *Bike Toss* und *Bike Kill*, bei denen man die Drahtesel zuerst feiert und dann rituell zerstört.

Jedes Jahr werden in New York im Rahmen des *Bicycle Film Festival* in den *Anthology Film Archives* Independent-Kurzfilme und Beiträge in Spielfilm-länge zum Thema Fahrrad gezeigt. In Deutschland und Polen findet seit 2006 das *International Cycling Film Festival* statt. Auf dem Programm stehen neben Filmen auch Kunstdarbietungen, Straßenfeste, Fahrradakrobatik- und Freestyle-Shows, After-partys und vieles mehr.

Ausstellungen & Museen

Fahrradfans kommen auch in Museen und Show-rooms der Hersteller auf ihre Kosten. Museen, die sich auf Fahrradtechnik spezialisiert haben, wie die *National Cycle Museum* im walisischen Llandrindod Wells, das *Velorama* im niederländischen Nijmegen und das *Bicycle Museum Cycle Center* im japanischen Osaka, vermitteln über die Exponate hinaus auch Hintergrundwissen auf interaktiven Displays sowie pädagogische Angebote.

Zu den großen Radsportmuseen zählen das *Centrum Ronde van Vlaanderen* im belgischen Oudenaarde, *The*

Marin Museum of Bicycling and Mountain Bike Hall of Fame in Fairfax, Kalifornien, und das *Museo del Ciclismo Madonna del Ghisallo*, der Schutzheiligen der Radfahrer, in Magreglio oberhalb des Comer Sees. Der Ort war schon mehrfach Ziel von Etappen der Lombardei-Rundfahrt. Zu bewundern gibt es Fahrräder, Trikots, Wimpel, Trophäen und vor dem Museum eine Skulptur zum Thema Sieg und Niederlage im Radrennsport.

Showrooms der Hersteller – ob kleine Werkstatt oder Firmenausstellung – zeigen frühe Modelle, Erfolgsmodelle und manchmal auch Raritäten oder Entwürfe, die ihrer Zeit weit voraus waren.

▼ Die Madonna del Ghisallo in der gleichnamigen Wallfahrtskirche in Italien wurde 1948 zur Schutzheiligen der Radsportler ausgerufen.

Webwissen rund ums Rad

Ob Kunst, Wissenschaft, Sport, Politik oder Religion, viele Bereiche unseres Lebens prägen die Fahrradkultur. Jeder Fahrradtyp hat seine eigene Fangemeinde, die in Blogs und Foren lebhaften Austausch pflegt, sich über interessante Auktionsangebote informiert und jede Menge Mythen und Legenden verbreitet. Hier kann jeder nach Herzenslust seiner ganz persönlichen Leidenschaft nachgehen.

Union Cycliste Internationale (UCI)
www.uci.ch

International Human Powered Vehicle Association (IHPVA)
www.ihpva.org

International Mountain Bicycling Association
www.imba.com

European Cyclists' Federation
www.ecf.com

BDR Bund Deutscher Radfahrer
www.rad-net.de

ADFC Allgemeiner Deutscher Fahrrad-Club e. V.
www.adfc.de

RADLOBBY Österreich
www.radlobby.at

Pro Velo Schweiz
www.pro-velo.ch

Reisen mit dem Fahrrad
www.fahrradreisen.de
www.radreisen-online.de

Messen (Auswahl)
Interbike
www.interbike.com

Eurobike
www.eurobike-show.de

www.berlinerfahrradschau.de
veloberlin.com

Events und Gruppentouren
Five Boro Bike Tour
www.bike.nyc

Tour de L'île Montréal
www.velo.qc.ca

RideLondon
www.ridelondon.co.uk

L'Étape du Tour
www.letapedutour.com

L'Eroica Gaiole
www.eroicagaiole.com

Eroica Rides
www.eroica.cc

Gourmet Century
www.gourmetcentury.com

Bicycle Film Festival
www.bicyclefilmfestival.com

International Cycling Film Festival
www.cyclingfilms.de

Museen (Auswahl)
Deutsches Fahrradmuseum Bad Brückenau
www.deutsches-fahrradmuseum.de

Velorama
www.velorama.nl

National Cycle Museum
www.cyclemuseum.org.uk

Glossar

Achse Massiver oder hohler Schaft in der Mitte eines Innenlagers, einer Nabe oder eines Pedals.

Aerob (Belastung) Geringe bis mäßige Belastung, bei der die Energiebereitstellung in den Muskeln mithilfe des eingeatmeten Sauerstoffs erfolgt.

Anaerob (Belastung) Starke Belastung, bei der Sauerstoff nicht in ausreichender Menge zur oxidativen Verbrennung der Energieträger zur Verfügung steht.

Anatomisch geformt Dem Körper angepasste Form von Fahrradkomponenten wie Lenkergriffen und Sätteln.

Brifter Eine kombinierte Brems-/Schalthebeleinheit.

Bunny Hop Überspringen von Hindernissen durch Anlupfen des Vorderrads und zeitgleiches oder anschließendes Hochziehen des Hinterrads.

Century Organisierte Gruppenfahrt über eine Distanz von rund 100 Kilometern oder Meilen.

ChroMoly (auch CrMo oder Chrom-Molybdän) Für hochwertige Rahmen und Komponenten verwendete Stahllegierung.

Clunker Bequemes Freizeitrad, meist Eingangrad vom Typ Cruiser, auch Klunker genannt.

Derny-Rennen (auch Steherrennen) Straßen- oder Bahnradrennen, bei dem ein leichtes Motorrad für Schrittmacherdienste eingesetzt wird.

Detangler Rotorgelenk mit Bremszugaufnahme für 360°-Lenkerdrehungen ohne Bremskabelsalat.

Drehmomentschlüssel Schraubwerkzeug des Fahrradmechanikers, mit dem ein definiertes Anzugsmoment auf ein Verbindungselement wie eine Schraube oder Mutter ausgeübt werden kann.

Einspeichen Das Einsetzen der Speichen zwischen Nabe und Felge. Bei Vorderrädern ist die Speichenspannung meist auf beiden Seiten identisch, bei Hinterrädern auf der Antriebsseite in der Regel höher als auf der linken Seite.

Fahrradergometer Trainingsgerät, das die Belastung in Watt misst und im Trainingscomputer speichert.

Glockenzeichen Akustisches Signal im Bahnradsport, das ertönt, sobald die Ziellinie überfahren wird, entweder um eine Spurtwertung anzukündigen oder um die Schlussrunde einzuläuten.

Innenlager Das Lager, an dem der Kurbelsatz montiert wird. Es wird im Tretlagergehäuse des Rahmens verschraubt.

Kassette Auf einer Freilaufnabe verwendetes Ritzelpaket. *Corncob*-Kassetten sind Ritzelpakete mit jeweils einem Zahn Unterschied von Ritzel zu Ritzel.

Kompaktformat Kompaktrahmen haben ein abfallendes Oberrohr und sollen besseren Fahrkomfort bieten als Rahmen mit horizontalem Oberrohr. Kompaktkurbeln erlauben die Verwendung kleinerer Kettenblätter; Kompakt-Zweifachkurbeln erlauben nahezu die gleichen Übersetzungsverhältnisse wie Standard-Dreifachkurbeln.

Kriterium Rennveranstaltung aus mehreren Runden auf einem kurzen – meist innerstädtischen – Rundkurs.

Legierung Mischung aus zwei oder mehr Metallen (*siehe auch* ChroMoly), oft auf Aluminiumbasis. Wird im Fahrradbau neben reinen Metallen und Kunststoff verwendet.

Monocoque Einteiliger, aus flächigen Elementen gebauter, teils hohler Fahrradrahmen. Die meisten Carbonrahmen werden in Monocoque-Bauweise gefertigt.

Muffe Sockel, der die Verbindung zwischen zwei Rahmenrohren herstellt.

Nachlauf Abstand vom Kontaktpunkt des Vorderrads mit dem Boden zum Kontaktpunkt der gedachten Verlängerung des Steuerrohrs mit dem Boden.

Omnium Aus Kurzzeit- und Ausdauer-disziplinen bestehender Bahnrad-Wettbewerb, ausgetragen im Rahmen der UCI-Weltmeisterschaften sowie der Olympischen Spiele.

Paceline Einzelne oder doppelte Fahrer-reihe, in der die Fahrer abwechselnd die Führungsarbeit im Wind übernehmen. Beim Führungswechsel macht der vordere Fahrer einen kleinen Schlenker nach rechts oder links, lässt sich zurückfallen und schließt sich am Ende des Feldes wieder an.

Pantografie Mit einem Präzisionsinstrument angefertigte Gravur in Komponenten, in der Regel Herstellername, Logo oder mit Farblack kolorierte Umrissgravur.

Peloton Dicht zusammengedrängte Gruppe von Teilnehmern eines Radrennens (Hauptfeld).

Pumptrack Aus Erde oder Lehm geschaffener Rundkurs mit Wellen, Steilwandkurven und Sprungrampen.

Radstand Der Abstand von der Mitte des Vorderrads zur Mitte des Hinterrads. Bei den meisten Fahrrädern für Erwachsene beträgt der Radstand 90 bis 115 Zentimeter.

Rahmenflattern Ungewollte Querschwingungen des Vorderbaus, häufig in Abfahrten, auch bei verwindungssteifen Fahrrädern. Abhilfe: Körpergewicht zum Vorderrad hin verlagern und Knie fest ans Oberrohr drücken.

Randonnée (französisch für »Ausflug«) Organisierte Gruppenfahrt über eine Distanz von 200 bis 1000 Kilometern, bei der bestimmte Kontrollpunkte abgefahren werden müssen. Die Teilnehmer heißen Randonneurs (Männer) und Randonneuses (Frauen).

Regenbogenemblem Emblem der Union Cycliste Internationale, des Internationalen Radsportverbands. Die Farben Blau, Rot, Schwarz, Gelb und Grün stehen für die Fahrradnationen der Welt. Das Regenbogentrikot trägt immer nur der aktuelle Weltmeister in der jeweiligen Radsportdisziplin.

Schlusslicht Fahrer am Ende des Teilnehmerfelds.

Seat Cluster (Sitzrohrknoten) Stelle am Sattelrohr, an der Oberrohr und Sitzstreben zusammenlaufen, einschließlich Sattelklemmschelle und Sattelklemmschraube.

Spinning (1) Treten in hohen Kadenzen und in niedrigen Gängen auf einem nicht stationären Fahrrad, meist über 90 Umdrehungen pro Minute (UpM). (2) Indoor-Training auf stationären Fahrrädern, oft in der Gruppe unter Anleitung eines Trainers.

Steilkurve Zur Innenseite hin geneigte Kurve (im Bahnrad- und Offroad-Bereich), die höhere Kurvengeschwindigkeiten erlaubt.

Toe-Overlap Kontakt der Fußspitze mit dem Vorderrad, in der Regel nur bei starkem Einschlagen des Vorderrads.

Track stand Balancieren auf dem stillstehenden Fahrrad. Ursprünglich ein taktisches Manöver im Bahnradsprint, mit dem der Gegner gezwungen werden sollte, die Führung zu übernehmen.

Trail Schotter-, Wald- oder Wiesenweg, der von Fußgängern, Radfahrern oder Reitern benutzt werden kann.

Trittfrequenz Anzahl der Kurbelumdrehungen pro Minute (UpM), üblicherweise 30 bis 120 UpM. Sehr hohe Trittfrequenzen liegen bei über 200 UpM.

Verpflegungsbeutel Bei Radrennen verwendete kleine Umhängetasche mit Getränken und Lebensmitteln.

Windschattenfahren Nutzung eines vorausfahrenden Radfahrers als Windschutz zur Verringerung des Luftwiderstands.

Windstaffel Diagonal über die Straße verlaufende Fahrerreihe, in der sich jeder seitlich versetzt zum Vordermann positioniert, um im Windschatten fahren zu können.

Register

David Perry
trat im Alter von vier Jahren erstmals einem Fahrrad-Team bei, nimmt seitdem an Wettbewerben Teil und sammelt nebenher Fahrräder. Er ist der Autor von *Bike Cult: The Ultimate Guide to Human Powered Vehicles* und Inhaber des Fahrradladens Bike Works NYC.

Umschlag-Vorderseite: 2014 State Bicycle Co. Ranger, State Bicycle Co., Tempe (Arizona) Umschlag-Rückseite: Hugh Threlfall, Road bicycle handlebars, Alamy Stock Photos

Impressum
© der deutschen Ausgabe: Prestel Verlag, München · London · New York, 2016
in der Verlagsgruppe Random House GmbH
Neumarkter Straße 28 · 81673 München

Copyright © Elwin Street Productions Limited 2016
Conceived and produced by
Elwin Street Productions Limited
14 Clerkenwell Green
London EC1R oDP
www.elwinstreet.com

Der Verlag weist ausdrücklich darauf hin, dass im Text enthaltene externe Links vom Verlag nur bis zum Zeitpunkt der Buchveröffentlichung eingesehen werden konnten. Auf spätere Veränderungen hat der Verlag keinerlei Einfluss. Eine Haftung des Verlags ist daher ausgeschlossen.

Projektleitung Verlag: Julie Kiefer
Übersetzung aus dem Englischen: Gabi Krause, Warngau
Lektorat und Satz: VerlagsService Dietmar Schmitz GmbH, Heimstetten
Covergestaltung: April London
Herstellung: Friederike Schirge

Gedruckt in China

ISBN 978-3-7913-8230-2

MIX
Paper from responsible sources
FSC® C016973

Verlagsgruppe Random House FSC® N001967